信息技术王跃进名师工作室推荐用书

Python

入门与实战

主　编　王跃进
副主编　舒大荣
编　委　高方银　刘世俊　龙建海　卢　蓉　舒大荣
　　　　王　塑　王跃进　杨冬宁　麻　林
主　审　吴有富　王　塑

西南交通大学出版社
·成　都·

图书在版编目（CIP）数据

Python入门与实战 / 王跃进主编. —成都：西南交通大学出版社，2019.3
ISBN 978-7-5643-6791-6

Ⅰ. ①P… Ⅱ. ①王… Ⅲ. ①软件工具－程序设计－教材 Ⅳ. ①TP311.561

中国版本图书馆CIP数据核字（2019）第046674号

Python Rumen Yu Shizhan
Python入门与实战
主编 王跃进

责任编辑	李华宇
封面设计	原谋书装
出版发行	西南交通大学出版社 （四川省成都市二环路北一段111号 西南交通大学创新大厦21楼）
邮政编码	610031
发行部电话	028-87600564 028-87600533
网址	http://www.xnjdcbs.com
印刷	四川煤田地质制图印刷厂
成品尺寸	185 mm × 260 mm
印张	10.75
字数	234千
版次	2019年3月第1版
印次	2019年3月第1次
定价	28.00元
书号	ISBN 978-7-5643-6791-6

课件咨询电话：028-87600533

前　言

为了紧跟时代步伐，我们针对计算机编程初学者的认知基础和年龄特征，选择了具有简洁性、易读性、可扩展性的最热门编程语言之一的Python，并以教育部最新颁布的国家课程标准《信息技术课程标准》为基础，基于学生立场、问题引领、深度学习的教育理念，进行了教材《Python 入门与实战》的规划设计。本书内容的设计在重视核心编程技能的操作实战的同时，强调通过真实问题情境引领学生深度学习，渗透信息技术学科大概念，创新教学模式，革新学习方式，助推新课程改革，着力发展学生信息技术学科核心素养。

Python 是一种解释型、面向对象、动态数据类型的高级程序设计语言。为了保证本书的编写质量，成立了专业编委会，并参阅大量国内外最新教程及技术文献资料，制订了详细编写方案，采取分工合作、责任到人的方式完成教程编写。本书主要针对 Python3.x 版本教学，体现基础性、前瞻性、科学性、实践性、实用性和综合性，所采用的内容力求精准。初稿完成后，先通过编者工作室的研修活动进行试用，对所有章节反复论证，所有案例反复甄选，所有代码反复测试，并广纳意见和多次修改。

本教程共分为 8 章，通过为什么要学 Python、编程基础、数据结构、面向对象编程基础、文件与目录操作及典型综合实践项目等由浅入深的教学内容设计，培养了学生的核心编程技能。教程语言表达针对学生的认知特征，精心设计了适量的章节练习题及真实问题情景下的综合实战项目开发任务，力求深入浅出、通俗易懂，以巩固学习内容，拓展思维训练，强化能力提升。同时，每个练习题、综合实战项目都附有参考解答，提供给师生教学实践参考。

本书适合初学编程的爱好者及中小学信息技术教师自学使用，也适合中学、中高职院校作为选修课程教材使用，并期待更多省市的相关学校能够选用。

尽管我们投入了大量精力，但是，这是本工作室创建以来编撰的第一本编程语言教程，缺点和不足在所难免。实践是检验真理的唯一标准，在具体教学实践中，我们会不断完善和修改，并期待专家及同行批评指正，更希望中学信息技术教师在使用的过程中，提出宝贵意见，使本教程下一版更加充实和完善。

贵州省铜仁第一中学、贵州省德江一中、贵州省贵阳市实验三中、贵州省凯里一中、贵州省务川中学、贵州交通职业技术学院、中国科学技术大学研究生院等单位领导和教师参与了本书的前期调研、资料收集和编写工作，在此向他们表示衷心感谢！

本书参考引用了国内外大量资料，其中主要来源已在参考文献中列出，如有遗漏，恳请作者原谅并及时联系。

欢迎提供更多反馈意见：https://www.wjx.top/jq/30804246.aspx。

贵州省高中信息技术王跃进名师工作室

2018年12月

关于本书的使用说明

《Python 入门与实战》是以培养学生信息技术学科大概念与核心素养为指导，以计算机高级语言 Python 学习与实践为载体的教程。充分借助信息化媒体、资源和技术手段在中学教育中的优势作用，提升学生信息素养与解决问题的能力，是中学信息技术教育教学重要任务，更是广大信息技术教育工作者必备的一项基本技能。编者结合多年的研培经历与教学实践经验，特编写了《Python 入门与实战》教程，以下简称《教程》。

《教程》主要基于学生立场、问题引领、深度学习理念而设计，将学习内容融入真实情境中，突出实际操作，使学生在体验中学习，在学习中体验，通过“理论导学”“算法分析”“代码示范”“动手实践”等多个环节，培育学生信息技术学科核心素养。《教程》适合作为各地、各校（初中、高中、中职、高职）地方课程、校本课程或拓展性课程教材。

建议课时安排：

模　块	内　容	建议学时	备　注
第 1 章	为什么要学 Python	0.5 学时	
第 2 章	Python 的安装及 IDLE 工具使用	0.5 学时	
第 3 章	Python 编程基础	8 学时	
第 4 章	函数	3 学时	
第 5 章	数据结构	6 学时	
第 6 章	类与实例	3 学时	
第 7 章	文件与目录操作	2 学时	
第 8 章	综合实践项目案例	0 学时	供学有余力的同学拓展学习
附　录	Python 库简介、练习题参考答案	0 学时	建议与相应模块同步学习
总课时		23 学时	

课程教学建议：

（1）各校可视校情、教情与学情，酌情调整课时计划和选择学习内容，建议 2 学时/周。

（2）教学环境：建议在安装有 Python 的计算机机房的真实环境中进行，提高学生实践能力。

（3）教学方法：注意创新教学模式，革新学习方式，通过问题引领、先学后教，项目式深度学习策略应用，真实体现学生主体地位，以达到学以致用的目的。

（4）《教程》中的脚本代码、测试数据等“资源包”下载地址：http://i.tryz.net/html/2018/python/pythonjc.rar。

编 者

2018 年 12 月

目　录

第 1 章　为什么要学 Python

1.1　为什么要学编程

1.1.1　算法与编程

算法是信息技术学科精炼出来的学科大概念，它贯穿整个信息技术学科的始终。那么，什么是算法呢？通俗地说，算法就是解决问题的步骤和方法。它是指解决问题方案的准确而完整的流程描述，是一系列解决问题的指令的集合，代表着用系统的方法描述解决问题的策略机制。精确的算法是计算工具有效计算从而解决问题的前提条件。

算法可以用自然语言、流程图、伪代码等方法描述。但是计算机并不能直接执行这些描述符号。为了让计算机能按照算法的意图解决问题，就需要将算法“翻译”成计算机能“读懂”的代码，这就是计算机编程。编程是编写程序的中文简称，即是人和计算机系统之间交流的过程。为了使计算机能够理解人的意图，人类就必须将解决问题的算法翻译成计算机能够理解的形式，使得计算机能够根据人的指令一步一步去工作，完成某种特定的任务。编程过程是以算法为基础，以某种程序设计语言为工具，以解决问题为目的的过程，它包括分析问题、设计算法、编写代码、测试运行等不同阶段。

1.1.2　编程教育是国家发展战略要求

随着人工智能行业的高速发展，国家十分重视在中小学开设人工智能相关课程，编程教育成为我国社会和学校普遍关注的教育领域。《国务院关于印发〈新一代人工智能发展规划〉的通知》（国发〔2017〕35 号）明确提出：实施全民智能教育项目，在中小学阶段设置人工智能相关课程，逐步推广编程教育，鼓励社会力量参与寓教于乐的编程教学软件、游戏的开发和推广。《教育部关于印发〈教育信息化 2.0 行动计划〉的通知》（教技〔2018〕6 号）明确要求：完善课程方案和课程标准，充实适应信息时代、智能时代发展需要的人工智能和编程课程内容。最新的《信息技术课程标准》也明确定位其课程性质：信息技术课程是一门旨在全面提升高中学生信息素养，帮助学生掌握信息技术基础知识与技能、增强信息意识、发展计算思维、提高数字化学习与创新能力、树立正确的信息社会价值观和责任感的基础课程。因此，学习编程既是国家发展战略要求，也是教育发展必然，更是信息技术课程改革之必需。2016 年 9 月，《中国学生发展核心素养》发布，以培养“全面发展的人”为核心。学生发展核心素养是指学生应具备的、能够适应终身发展需要的必备品格和关键能力。它是通过学科教育培养，落实在学生身上最有价值的核心素养，是跨学科的综合素质。而信息技术学科核心素养则包括信息意识、计算思维、数字化学习与创新和信息社会责任。其中，信息技术学科本质核心素养是计算机思维，简称计算思维。计算思维不是说计算机有思维，用脑思考，而是因为这种思维方式是伴随着计算机的出现而出现的。计算思维是个体运用计算机科学领域的思想方法，在形成问题解决方案的过程中产生的一系列思维活动。“计算思维的本质是翻译，也就是把人想要做的具体事情，翻译成计算机能够懂得的程序语言。”清华大学史元春教授如是说。

1.1.3　学习编程的意义

在后信息时代，或者是即将进入的智能时代，所有人都需要提升自己的思维方式，让自己的思维方式跟上时代的要求。学习编程不只是为了教学生敲代码，更重要的是让他们明白人工智能时代科技背后的原理，通过编程课程学习达到计算思维训练的目的。计算思维能力已成为人们有意识地使用计算机科学思想、方法、技术、工具、资源、环境去思考和实践的一种基本技能。学会编程，方能真正揭开计算机如何解决问题的神秘面纱，并以此提高自己分析问题和解决问题的能力，进而培养与拓展人类大脑思维能力。在信息技术教学中，顺应时代发展需求，以学生计算思维培育为切入点，基于项目活动的学习方式，开展编程教育培养。通过方法习得、工具应用、思维迁移三个层面的落实，促进学生核心素养的养成、内化和拓宽，形成学生应具备的、能够适应终身发展需要的必备品格和关键能力。

1.2　为什么学 Python

1.2.1　Python 语言的发展

随着计算机应用的需求剧增，高级语言层出不穷，Fortran、Basic、Pascal 等语言已逐渐被淘汰。如今，让你从数百种编程语言中选择一门作为入门语言，是选择应用率最高、长期霸占排行榜的“常青藤”之一的 Java？还是易于上手、难以精通的 C？还是在游戏和工具领域仍占主流地位的 C++？抑或是占据 Windows 桌面应用程序半壁江山的 C#？殊不知，另有一门异军突起的 Python 语言。

Python 是一种面向对象、解释型的计算机程序设计高级语言，由 Guido van Rossum 于 1989 年开发创建，是纯粹的自由软件，源代码和解释器 CPython 遵循 GPL（GNU General Public License）协议。1989 年圣诞节期间，在阿姆斯特丹，Guido 为了打发圣诞节的无趣，决心开发一个新的脚本解释程序，作为 ABC 语言的一种继承。之所以选中 Python（大蟒蛇的意思）作为该编程语言的名字，是因为他是一个叫 Monty Python 的喜剧团体的爱好者。就 Guido 本人看来，ABC 这种语言非常优美和强大，是专门为非专业程序员设计的。但是 ABC 语言并没有成功，Guido 决心在 Python 中避免其不足，同时还想实现在 ABC 中闪现过但未曾实现的内容。就这样，Python 在 Guido 手中诞生了。

1.2.2　Python 语言的特点与优势

Python 已经成为最受欢迎的程序设计语言之一，其主要优势有：

（1）Python 是面向对象的、动态数据类型的解释型语言，省去了变量声明的过程，程序运行的过程中自动决定对象的类型。在 Python3 后，变量可以存放任意大小的整数，只有内存不够，没有数据溢出问题，不会像其他语言那样受到溢出问题的困扰，降低了学习门槛。

（2）Python 使用缩进语法格式，使得语法简单、风格清晰、严谨易学，它能让用户编写出更易读、易维护的代码，能让开发者、分析人员和研究人员在项目中更好地合作。

（3）Python 代码效率高，经统计，10 行 Python 代码就能完成 C++20 行代码的工作。

（4）Python 拥有丰富的扩展库，常被昵称为“胶水语言”，能够把用其他语言制作的各种模块很便捷地联结在一起，可以轻易完成各种高级任务。

（5）Python 完全免费，众多开源的科学计算库都提供了 Python 的调用接口，用户可以在任何计算机上免费安装 Python 及其绝大多数扩展库。在国内外各领域中，如卡耐基梅隆大学的编程基础课程、麻省理工学院的计算机科学及编程导论课程都在使用 Python 语言讲授；如著名的计算机视觉库 OpenCV、三维可视化库 VTK、医学图像处理库 ITK 等众多开源的科学计算软件包也都提供了 Python 的调用接口；又如 NumPy、SciPy 和 Matplotlib 等十分经典的科学计算扩展库，它们分别为 Python 提供了快速数组处理、数值运算以及绘图功能。

总之，Python 作为一门面向对象的高级编程语言，其魅力和影响力已经远超 C#、C++等编程语言前辈，被程序员誉为“最美丽的”编程语言。这也许就是 Python 成为人工智能、大数据科研人员首选语言的原因之一。从云端、客户端，到物联网终端，再到人工智能，Python 应用无处不在，高中新课标所有模块都可以以 Python 为基础实现（见表 1.1）。在人工智能普及的当下，选用 Python、学习 Python，不仅可以培养信息技术学科核心素养，也定将为学生终身发展提供无限可能。

表 1.1 高中信息技术新课表模块结构

数据与计算	信息系统与社会
数据与大数据 数据处理、分析与可视化（Python + Pandas） 编程与算法（Python） 人工智能简介（Python + Baidu）	认识信息系统 设备、网络与软件 (Raspberry Pi + Python) 传感与控制 (Raspberry Pi + Python) 信息社会：伦理与法规
数据与数据结构	**数据管理与分析**
Python 实现	Python + Pandas Python + Matplotlib
人工智能初步	**网络基础**
Python + Scikit-learn Raspberry Pi + TensorFlow App Inventor + TensorFlow App Inventor + BATK	Windows + Python Raspberry Pi + Python Android + App Inventor
三维设计与创意	**算法初步**
Minecraft + Python Python + Vpython	Python + NumPy + SciPy
移动应用设计	**开源硬件项目设计**
Android + App Inventor 2 Python + Django	Raspberry Pi + Python App Inventor + Arduino MicroPython + IoT

第 2 章　Python 环境安装

2.1　Python 下载

Python 是跨平台的，它可以运行在 Windows、Mac OS 和各种 Linux/Unix 系统上，这里我们以 Windows 操作系统为例。下载之前需要确认系统是 64 位还是 32 位，查看方法为：打开计算机属性面板，如图 2.1 所示。

安装内存(RAM):	2.00 GB (1.85 GB 可用)
系统类型:	32 位操作系统
笔和触摸:	没有可用于此显示器的笔或触控输入

图 2.1　计算机属性

在此以 32 位系统为例，下载 Python 安装包：

（1）打开 Python 官网首页（www.Python.org），依次选择“Downloads”→“Windows”，如图 2.2 所示。

图 2.2　选择“Windows”

（2）选择最新的版本 Python 3.7.0，如图 2.3 所示。

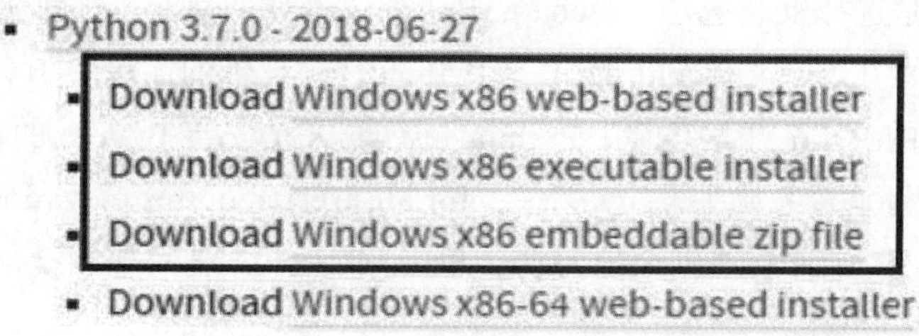

图 2.3　选择 Python 3.7.0

矩形框内为 32 位 Python 安装包，这里的“embeddable zip file”是可以嵌入到其他应用的版本，“web-based install”是需要联网安装的版本，“erexecutable installer”是一个可执行文件，可以直接安装（推荐此版本），用户可以根据需要选择。

2.2　Python 安装与运行

2.2.1　Python 安装

（1）双击下载好的安装包（这里下载的是 Windows x86 executable installer），进入程序安装界面，如图 2.4 所示。

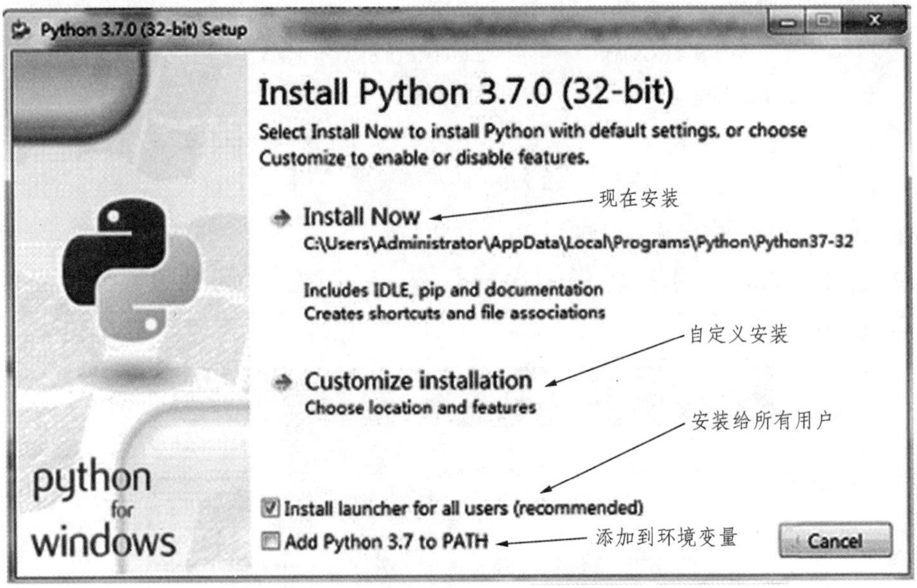

图 2.4　安装界面

（2）将“Add Python3.7 to PATH”（添加到环境变量）前面的复选框勾选，然后点击自定义安装，进入如图 2.5 所示的界面。

（3）图 2.5 是选择安装选项，Documentation 是安装 Python 帮助文档，pip 是用来安装第三方模块的工具，tcl/tk and IDLE 是 Python 官方自带的简单 GUI 模块与基于 tcl/tk 编写的一个简单的 IDLE 开发环境，Python test suite 是安装 Python 的标准库和测试套件，py launcher 为是否系统关联 py 文件，for all users(requires elevation)为是否使所有用户都关联 py 文件。我们这里全部勾选，单击“Next”，进入如图 2.6 所示的界面。

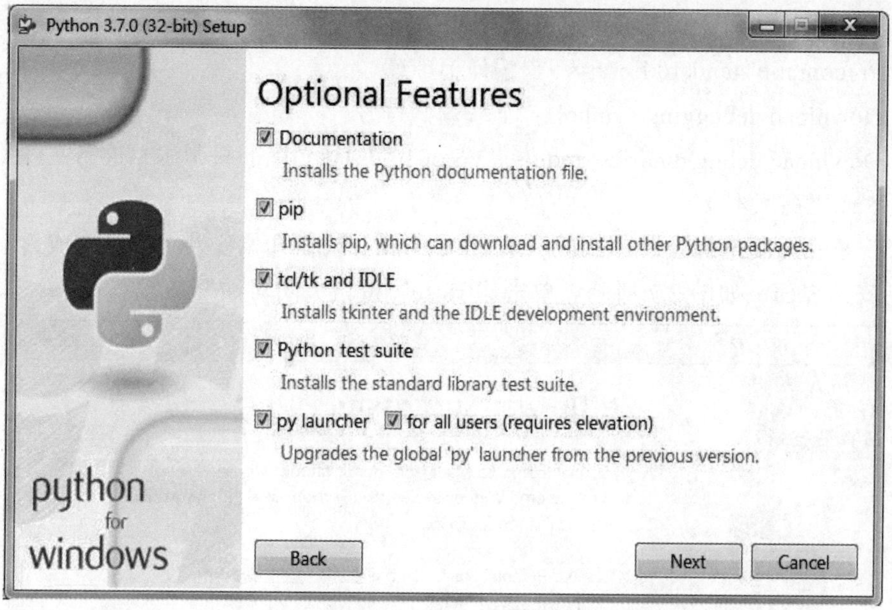

图 2.5　选择安装选项

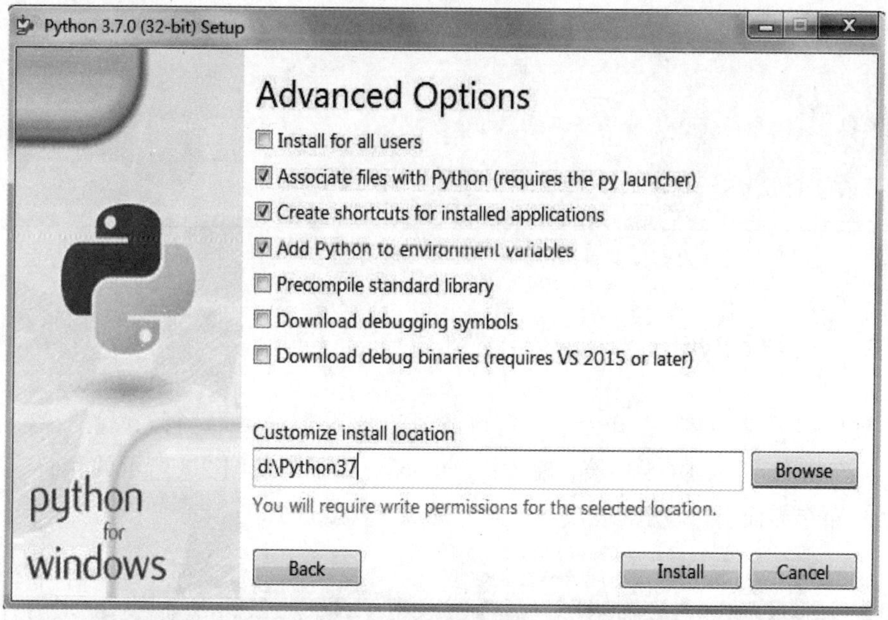

图 2.6　高级选项

（4）单击“Browse”按钮将安装路径更改为希望的实际路径（如：d:\Python37）。该界面的一些选项如不关心，默认即可。下面是这些选项的简单注释。

• Install for all users：为所有用户安装。

• Associate files with Python (requires the py launcher)：将文件与 Python 关联（需要 py 启动器）。

• Create shortcuts for installed applications：为已安装的应用程序创建快捷方式。

• Add Python to environment variables：将 Python 添加到环境变量。

• Precompile standard library：预编译标准库。

• Download debugging symbols：下载调试符号。

• Download debug binaries (requires VS 2015 or later)：下载调试二进制文件（需要 VS 2015 或更高版本）。

（5）根据需要选择安装选项后，单击“Install”按钮开始安装，安装完成后，将出现成功安装界面，如图 2.7 所示。单击“Close”按钮关闭对话框。

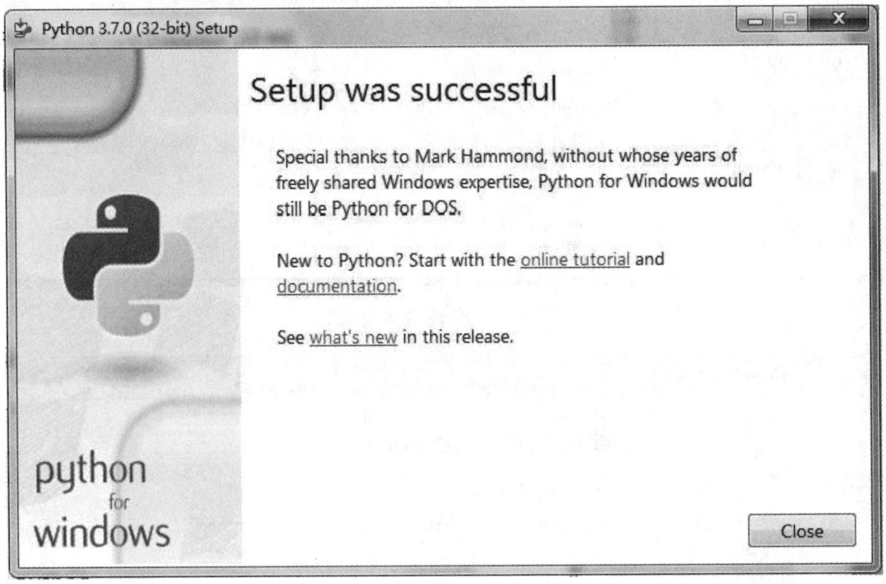

图 2.7　成功安装界面

2.2.2　运行 Python

通过按键“Win+R”打开命令行窗口或“开始菜单”→“运行”，输入“CMD”，确定（回车键），进入 DOS 环境，输入“python”，如果出现图 2.8 所示的界面（Python 的交互式操作界面），说明安装成功，至此完成 Python3.7.0 安装。

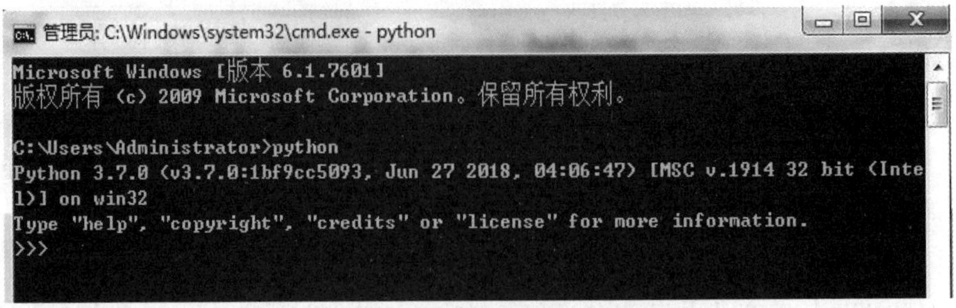

图 2.8　Python 的交互式操作界面

当看到提示符“>>>”就表示已经在 Python 交互式环境中了，可以输入任何 Python

代码，回车后会立刻得到执行结果。现在，输入“exit()”并回车，就可以退出 Python 交互式环境。

注：如果出现错误描述符“‘python’不是内部或外部命令，也不是可运行的程序或批处理文件”，如图 2.9 所示。

这是因为 Windows 在环境变量设定的路径中去查找文件 python.exe 时，没有找到 python.exe，可能的原因是：在安装过程中没有选中“Add Python 3.7.0 to PATH”。

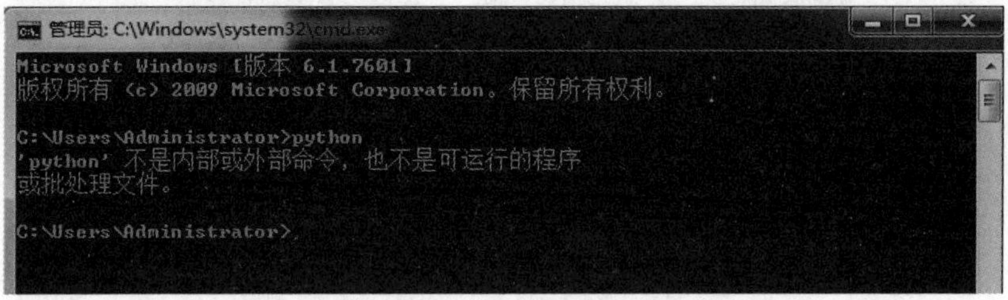

图 2.9　出现错误

解决办法为：右击“计算机”，选择“属性”，如图 2.10 所示。

图 2.10　属性

在左侧栏中单击“高级系统设置”，选择对话框中的“高级”选项卡，单击“环境变量”按钮，如图 2.11 所示。

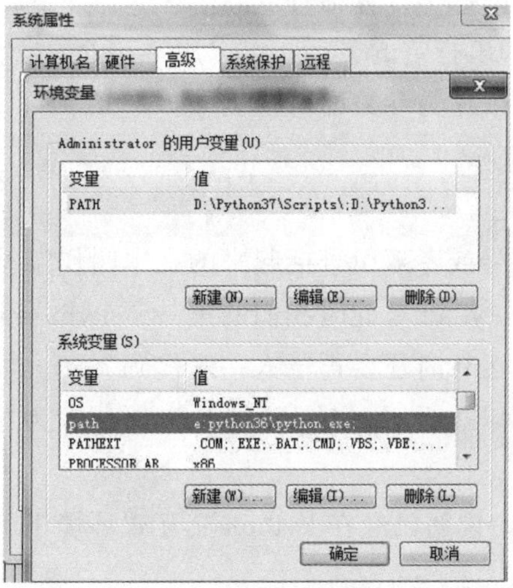

图 2.11　环境变量

打开环境变量对话框，在系统变量中双击 path 变量，或单击 path 变量后单击下面的编辑按钮，进入“编辑系统变量”对话框，如图 2.12 所示。

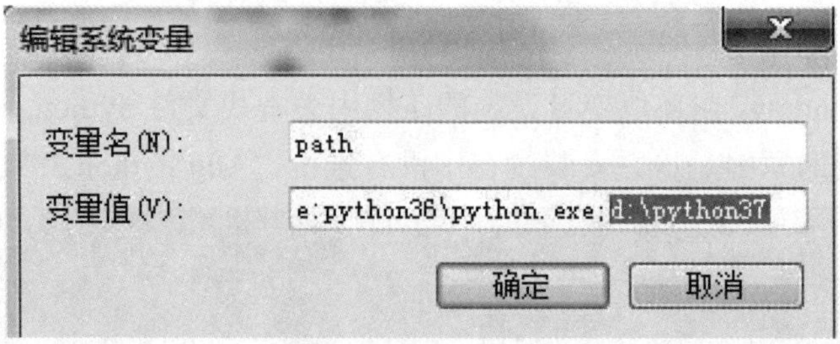

如图 2.12 编辑系统变量

最后，在“编辑系统变量”对话框中的变量值的后面添加“;d:\python37”（注意 d 前面的分号），确认即完成环境变量的添加。

注：如果还是不知道怎么修改环境变量，那么就把 Python 安装程序重新运行一遍，务必记得选中“Add Python 3.7 to PATH”。

2.2.3 Python 程序初体验

了解了如何启动和退出 Python 的交互式环境后，我们就可以正式开始编写 Python 代码了。

在交互模式下，直接输入代码，按回车，就可以立刻得到代码执行结果。现在，试试输入“300+500”，看看计算结果：

```
>>>300+500
800
```

很简单吧，任何有效的数学计算都可以算出来。

如果要让 Python 打印出指定的文字，可以用 print()函数，然后把希望打印的文字用单引号或者双引号括起来作为参数即可，例如：

```
>>>print('hello,world')
hello,world
```

这里，我们把用单引号或者双引号括起来的文本叫作字符串。

最后，用 exit( )退出 Python。此时我们的第一个 Python 程序就完成了。唯一的缺憾是没有保存下来，下次运行时还要再输入一遍代码。

在命令行模式下，可以执行“python”进入 Python 交互模式，也可以执行 Python hello.py 运行一个.py 文件。

看到“>>>”提示符，说明已经在 Python 交互式环境下，如图 2.13 所示。

图 2.13　Python 交互式环境

在 Python 交互模式下，只要输入 Python 代码就立刻执行。

例如，在 Python 交互式环境下，输入：

```
>>> 100 + 200 + 300
600
```

直接可以看到结果 600。

小结：

（1）在 Python 交互模式下，可以直接输入代码，然后执行，并立刻得到结果。

（2）完整演示了在 Windows 操作系统下 Python3.7.0 的安装过程以及运行 Python 的操作。

（3）启动 Python 只需在命令行输入 Python 即可。

2.3　IDLE 工具的使用

我们已经安装了 Python 开发环境，写的代码能够执行但不能保存，每次都需要重新输入，如果希望把编写的代码保存起来，还需要一个编程的专业工具，就像广告设计师使用 Photoshop 处理图像一样，编程也需要相应的工具，叫作集成开发环境（IDE）。在交互模式下是不能开发大型项目的，因此，Python 的开发工具就此诞生。以下介绍几款常用的 Python 开发工具。

2.3.1　IDLE

在 Windows 平台下，安装 Python 时自动安装了一个 Python 自带的 IDLE，可以进行脚本编辑，其界面如图 2.14 所示。

IDLE 是 Python 软件包自带的一个集成开发环境，我们可以利用它方便地创建、运行和调试 Python 程序。

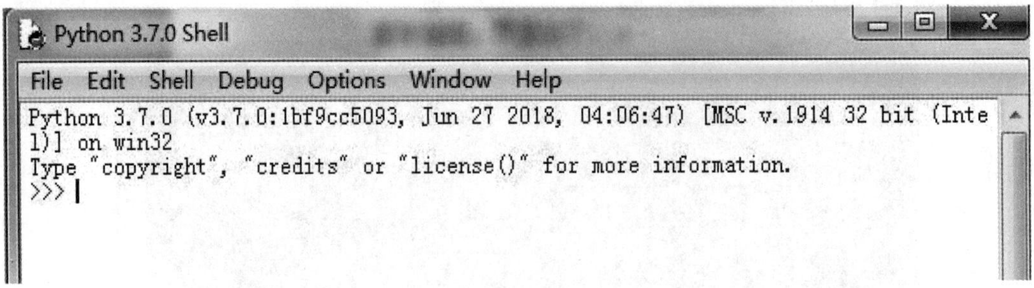

图 2.14 IDLE 界面

1. IDLE 交互编辑

在交互模式下，可以进行一些简单代码的测试，如打印 hello，world 字符串，进行 400+600 的运算等，如图 2.15 所示。

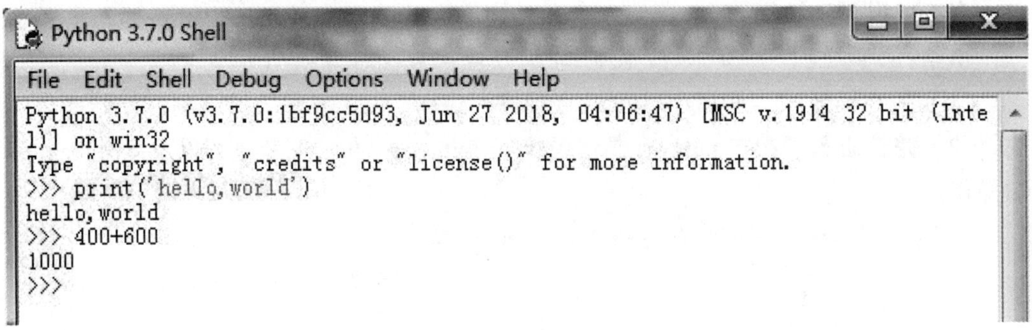

图 2.15 代码测试

在“>>>”符号后键入 print('hello, world')，然后按回车，即可看到此行代码运行的结果；输入 400+600 回车，即可看到加法运算结果。

2. IDLE 文件编辑

如果需要编写大段的 Python 程序并重复使用，可以使用 IDLE 提供的文件编辑功能，在 IDLE 的菜单“File”中选择“New File”，或者按下“Ctrl+N”快捷键，如图 2.16 所示。

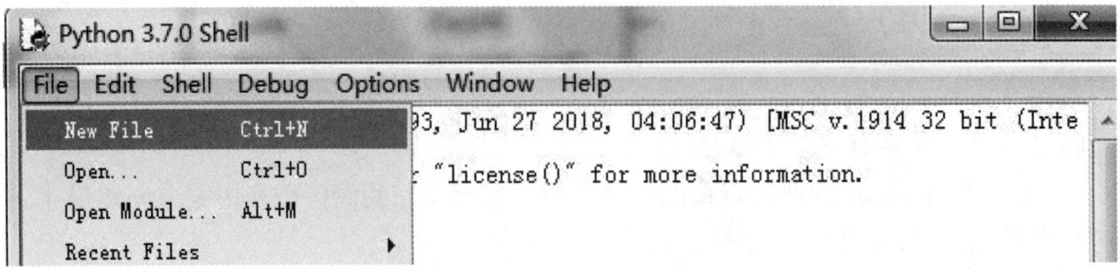

图 2.16 新建文件

IDLE 会打开一个新的空白窗口，在此窗口中即可书写代码，如图 2.17 所示。

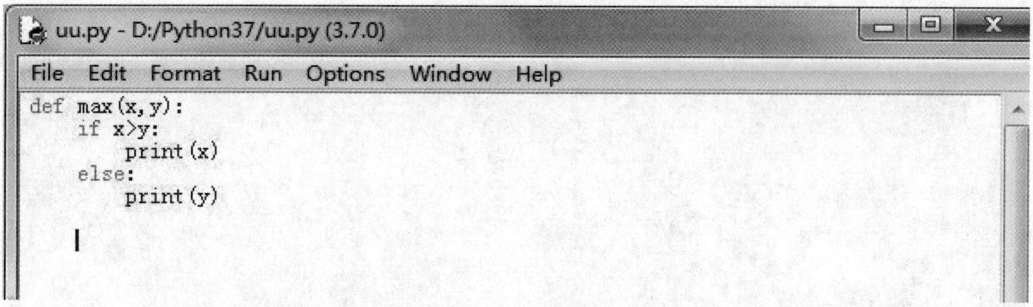

图 2.17　空白窗口

当完成编辑后，执行“Run”菜单中的“Run Module”菜单项运行程序，或者按“F5”键，如图 2.18 所示。

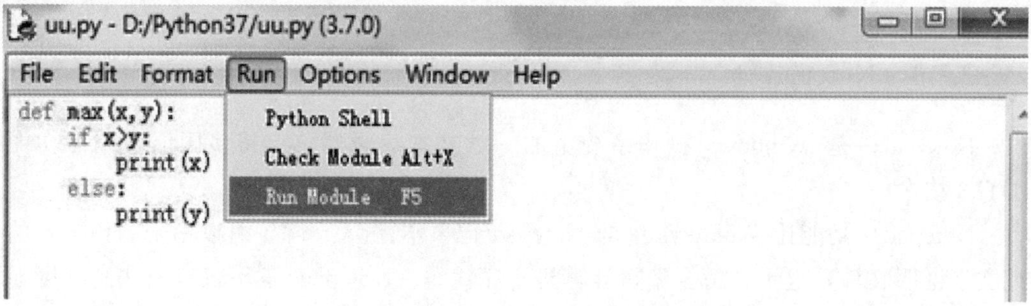

图 2.18　运行程序

接下来系统会提示保存文件，选择“确定”即可，如图 2.19 所示。

图 2.19　保存文件

2.3.2　Pycharm

Pycharm 是公认的最好用的 Python IDE 之一，支持 Windows 用户，有社区版（免费）和专业版（付费），网址：http://www.jetbrains.com/pycharm/。初学者使用社区版即可。

其界面如图 2.20 所示。

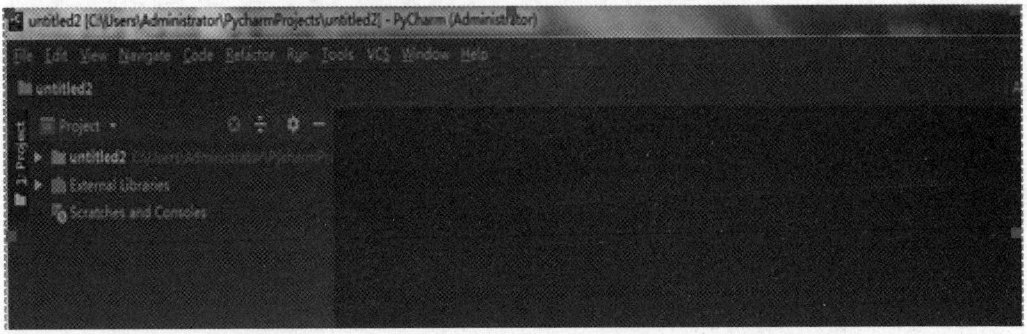

图 2.20 Pycharm 界面

具体使用方法请参阅其他资源。

2.3.3 Notepad++

Notepad++是 Windows 操作系统下的一款文本编辑器，支持多国语言编写功能(UTF8 技术)。

Notepad++功能比 Windows 中的 Notepad(记事本)强大，除了可以用来制作一般的纯文字说明文件，也十分适合编写计算机程序代码。Notepad++ 不仅有语法高亮度显示，也有语法折叠功能，并且支持宏以及扩充基本功能的外挂模组。

Notepad++是免费软件，可以免费使用，自带中文，支持众多计算机程序语言。

其界面如图 2.21 所示。

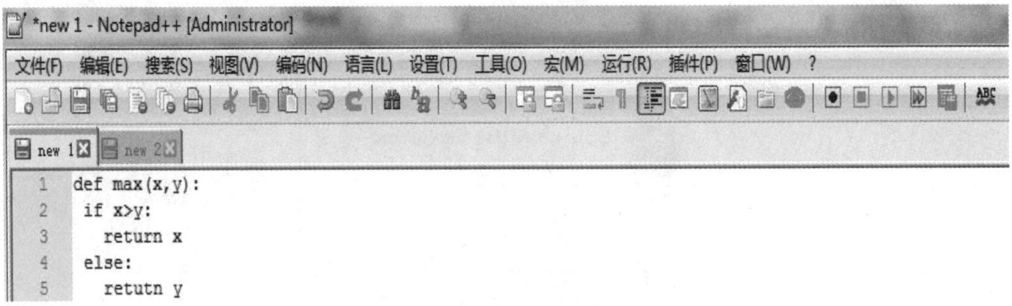

图 2.21 Notepad++界面

2.3.4 Sublime Text

Sublime Text 是一个轻量、简洁、高效、跨平台的编辑器，一款具有代码高亮、语法提示、自动完成且反应快速的编辑器软件，具体使用方法请参阅其他资源。

其界面如图 2.22 所示。

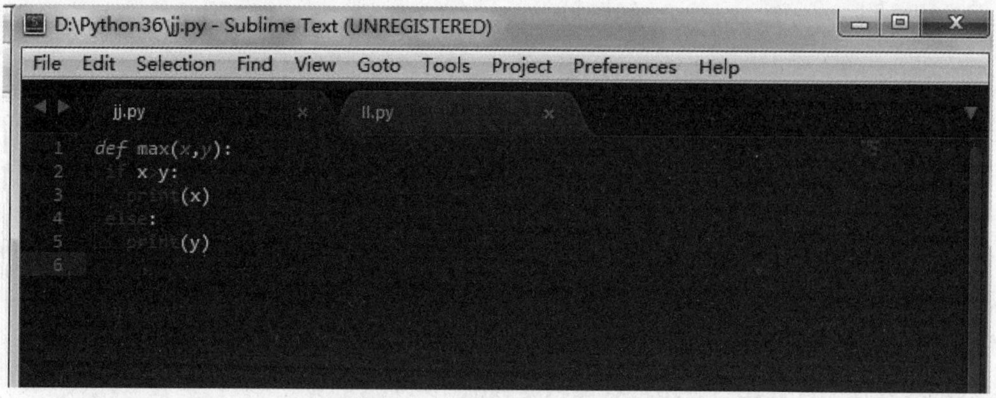

图 2.22　Sublime Text 界面

第 3 章　Python 编程基础

通过前一章节的学习，我们已完成了 Python 编程环境的搭建，以及如何在 Python 交互模式下编写并执行代码等基础知识。从本章开始，我们将正式开始学习 Python，体验 Python 带来的快乐。本章将介绍 Python 语法特点、变量、基本数据类型、运算符与表达式、程序流程控制、正则表达式等基础知识。

学习计算机语言，必须经历的过程是“敲代码”——实战编程，在这个过程中一定会出现很多错误，只有从这些错误中不断总结经验，最后才能养成自己的编程风格，构建自己的知识体系，养成核心素养。作如下约定：① 凡是在代码部分出现的标点符号一律视为英文输入方式下的标点符号；② 为了测试一条或几条语句的功能在 IDLE 的交互模式下执行，需要多条语句才能实现的功能使用 py 源文件（脚本）方式执行，并且在代码的前面使用 01、02、03……等标识，以便观察缩进量。

3.1　Python 语法特点

3.1.1　Python 的编程模式

1. 交互模式

交互模式是指在 Python 的“>>>”提示符后面直接编写代码的模式，例子：

```
>>>print('人生苦短，我用 Python! ')        #打印输出
人生苦短，我用 Python!                    #输出结果
```

Python 交互模式有以下几点需要注意：

（1）只能够输入 Python 命令，即在 Python 交互模式下输入 Python 代码，而不能输入系统（DOS）命令。

（2）在交互模式下打印语句不是必须的，在交互模式下可以不输入打印语句，解释器会自动打印表达式的结果，但是在 py 脚本文件中则需要写 print 语句来输出结果。

（3）当在交互模式下输入两行或多行复合语句时，提示符会由“>>>”变成“…”（或空白），如果要结束复合语句的输入，需要连续按下两次 Enter 键。

（4）交互模式下一次运行一条语句，当你想测试某一条命令的时候，交互模式是一个很好的选择，回车即可看到执行结果，非常方便。

2. 脚本模式

就是利用前面的 IDE 编程工具，把 Python 程序代码以文件形式（.py 为扩展名）保存，然后以“python 脚本文件名”的形式运行程序的模式。

3.1.2　标识符与保留字

1. 标识符

标识符是对象的名字，如变量、函数的名字等，用于区分各个不同的对象。与人的名字一样，通过人名就能找到这个人。

在 Python 中，对标识符命名需要遵循的规则和规范如下：

（1）标识符可以包含字母、数字及下划线“_”，不能包含特殊字符，如$、%、@等。

（2）第一个字符不能是数字。

（3）对字母大小写敏感。

（4）以单下划线（_）开头、双下划线（__）开头的标识符在类中有特殊的意义，一般情况不建议使用。

（5）虽然汉字也能作为标识符，但不建议使用。

（6）标识符不能是保留字。

（7）标识符尽量能“望文知义”，不建议用 a、b、c 等。

列举几个合法的标识符：name、my_age、num1、One。

列举几个不合法的标识符：3name、my$age、for。

2. 保留字

保留字是一些具有特殊意义的字母组合，如 if、and、for 等，不能把这些保留字作为对象的名字。截至版本 3.7，Python 共定义了 33 个保留字，如表 3.1 所示。

表 3.1　Python 保留字

and	as	assert	break	class	continue
def	del	elif	else	except	finally
for	from	False	global	if	import
in	is	lambda	nonlocal	not	None
or	pass	raise	return	try	True
while	with	yield			

这些保留字中含大写字母的只有 True、False、None，其他全为小写字母。由于 Python 区分大小写，in 和 IN 是不一样的，IN 不是保留字。如果需要查看有哪些保留字，可以使用如下语句查看：

```
>>>import keyword
>>>keyword.kwlist
['False', 'None', 'True', 'and', 'as', 'assert', 'break', 'class', 'continue', 'def', 'del', 'elif', 'else', 'except', 'finally', 'for', 'from', 'global', 'if', 'import', 'in', 'is', 'lambda', 'nonlocal', 'not', 'or', 'pass', 'raise', 'return', 'try', 'while', 'with', 'yield']
```

说明：可以在一行上书写多条语句，也可以把一条语句写在多行上。如：

```
>>> print ('hello');print (' good morning')
```

在同一行书写多条语句时，使用分号“;”隔开这些语句。

```
>>>print('made \
in china')
```

如果语句很长，可以使用反斜杠“\”来实现续行书写。

3.1.3　缩进与注释

1. 缩　进

```
# _*_  coding:utf-8  _*_
"""演示代码缩进、注释"""
print("人生苦短，我学 Python")
print("(=^^=)")
```

什么叫缩进？在写文章时往往一个段落的第一行要空 2 个空格，这 2 个空格就叫作缩进。Python 对代码的缩进有非常严格的要求，同一代码块必须具有相同的缩进量，否则程序不能运行。在上面的代码中，如果把任意一行缩进 1 个空格，将会抛出“unexpected indent”异常，意为“意外的缩进”。

代码块：也叫语句块，是指具有相同缩进量的连续的语句所组成的语句集。在上面的代码中，由于这 4 行具有相同的缩进量，因此是 1 个语句块。再看一个例子：

```
num = int(input("请输入一个数字: "))
sum = 0
n = len(str(num))
temp = num
while temp > 0:
    digit = temp % 10
    sum += digit ** n
    temp //= 10
if num == sum:
    print(num, "是阿姆斯特朗数")
```

```
11 else:
12       print(num, "不是阿姆斯特朗数")
```

01、02、03、04、05、09、11 是一个语句块；06、07、08 是一个语句块；10 单独一行作为一个语句块；12 单独一行作为一个语句块。

我们把没有任何缩进的语句块称为主语句块。除主语句块外，其他任何语句块的前面必须有一个“:”。

下面列出关于代码缩进的一些规则和规范：

（1）同一语句块必须具有相同的缩进量。

（2）当一个语句的后面出现“:”时，下面的代码必须相对于该行要有缩进。

（3）建议一个缩进量用 4 个空格，切记不要出现制表符（Tab）和空格混用。

2. 注　释

在实际开发中，一个文件中的代码往往会很多，功能各异，时间久了，程序员自己再阅读这些代码也很困难。在团队开发中，程序员之间相互交换阅读代码也是必要的。为了让他人和自己了解代码实现的功能，就需要写注释。注释的内容会被解释器忽略，视而不见。Python 有两种方式写注释，分别是单行注释和多行注释。

单行注释：使用#作为单行注释的符号，以#开始直到行尾为止的所有内容都是注释的内容。

多行注释：使用成对的三个单引号（'''）或者三个双引号（"""）包裹的所有内容为多行注释的内容。如：

```
"""
 作者：XXXXX
 设计日期：2018-09-01
 版权所有：XXX@2018
"""
```

说明，在 Python 的 IDLE 中：

（1）单行注释的快捷键：选择需要注释的代码，Alt+3 增加注释，Alt+4 取消注释。

（2）多行注释的实质是一个字符串，如果该字符串在当前语义中被引用，就不再是注释了。

3.2 内置函数与库函数

3.2.1 函数基础知识

在计算机中，函数是能完成一定功能、可以被重复使用的代码块。1 个函数可以有

0 个或多个参数，可以有 0 个或 1 个返回值。调用函数的语法格式如下：

```
funname(para1, para2,⋯)
```

para1, para2,⋯⋯这些用“,”分开的叫作参数。本质上，函数的功能就是将这些参数根据需要进行相应运算并返回值。我们用加工“宫爆鸡丁”来打个简单比方，所有原料，如鸡肉、辣椒、油、盐等叫作参数，最后炒好的“宫爆鸡丁”叫作函数的返回值。数学上的 $y = f(x)$，f 就是函数，x 就是参数，y 就是将参数 x 根据 f 规则进行计算、变换得到的值。

一个函数的参数个数并不总是固定的，如 print( )函数，可以不传参数，也可以传 1 个或多个参数。有些函数的参数个数是固定的。如求绝对值函数 abs( )，有且只有 1 个参数。另外，并不是所有函数都有返回值，如 print( )函数只是打印信息，没有返回值。掌握函数的功能和使用方法是学好编程的关键。

编程语言的设计工程师为我们开发好了一些函数，我们直接调用即可，这种函数叫作内置函数，但我们也可以根据需要自己编写函数，这样的函数叫自定义函数。两者在本质是一致的，只是编写人员不一样而已。

3.2.2　内置函数

Python 提供了许多内置函数（启动 Python 时已经加载到内存中，可直接调用），可以通过 dir(__builtins__)查看具有哪些内置函数（见表 3.2），help（函数名）查看具体函数的使用说明。

表 3.2　Python3.7.0 内置函数

abs( )	all( )	any( )	ascii( )	bin( )	bool( )	breakpoint( )	bytearray( )
bytes( )	callable( )	chr( )	classmethod( )	compile( )	complex( )	copyright( )	credits( )
delattr( )	dict( )	dir( )	divmod( )	enumerate( )	eval( )	exec( )	exit( )
filter( )	float( )	format( )	frozenset( )	getattr( )	globals( )	hasattr( )	hash( )
help( )	hex( )	id( )	input( )	int( )	isinstance( )	issubclass( )	iter( )
len( )	license( )	list( )	locals( )	map( )	max( )	memoryview( )	min( )
next( )	object( )	oct( )	open( )	ord( )	pow( )	print( )	property( )
quit( )	range( )	repr( )	reversed( )	round( )	set( )	setattr( )	slice( )
sorted( )	staticmethod( )	str( )	sum( )	super( )	tuple( )	type( )	vars( )
zip( )							

了解了某个具体函数的功能及对参数的要求后，使用形如：函数名（参数 1，参数 2，⋯⋯）的方式调用即可。这里需要强调的是：不需要记住每个函数对参数的具体要求，只需要大概知道这些函数都有哪些功能。在实际编写程序时通过搜索引擎查询就可以了。

3.2.3　几个基本输入/输出函数

程序从键盘（鼠标）读入数据、向屏幕输出信息是最基本的操作，为了方便上机实践，我们先介绍几个与输入/输出相关的内置函数。

1. input( )函数

功能：接收用户的键盘输入，返回字符串，语法格式如下：

```
varname = input([prompt])
```

varname：变量，以字符串类型保存输入结果。prompt：参数，提示信息，可以省略。

说明：在介绍函数的语法时，参数中凡是用“[ ]”括起来的表示可以省略。

例子：

```
>>>name = input('请输入你的名字：')
>>>请输入你的名字：张三
>>>name
>>>'张三'
```

2. print( )函数

功能：打印输出，无返回值，语法格式如下：

```
print([*objects][, sep=' '][, end='\n'][, file=sys.stdout])
```

objects：参数，一个或多个对象，对象可以是值、变量、表达式。如果有多个变量要使用“,”隔开。

sep：参数，输出时多个对象之间的间隔符号，默认值是一个空格。

end：参数，结尾符号，默认是换行。

file：参数，要写入的文件对象。

实践：请在 IDLE 的交互模式下运行以下代码，并认真体会总结。

```
>>>a = 3
>>>b = 12
>>>c = a+b
>>>print(a,b,c)                  #3 12 15
>>>print(a,b,c,sep=':')          #3:12:15
>>>print(a,b,c,end='。')         #3 12 15。
>>>fp = open(r'd:\test.txt','a+')  #在 d 盘上创建 test.txt 文件，r 的作用是防止字符转义
>>>print(a,b,c,file=fp)          #把数据写入缓冲区
>>>fp.close()                    #写入数据，关闭文件
>>>print(a,'+',b,'=',c)          # 3+12=15
>>>print('%d+%d=%d'%(a,b,c))     # 3+12=15
```

```
>>>print('{}+{}={}'.format(a,b,c))    # 3+12=15
```

小结：

（1）print( )函数不仅可以向屏幕输出数据，也可以向文件输出数据。

（2）print( )函数有两种方法实现格式化输出：

① 模式字符串：以“%”开始，一些特殊字母结束（如 d、f、s、x、r 等），中间可以是一些格式修饰符号（如+、数字等）。

② 字符串对象的 format( )方法，将在后续介绍。

3. int( )函数

功能：把一个数字或字符串转换成整数，基本语法格式如下：

```
varname = int(x)
```

x：参数，字符串或数字。

例子：

```
temp = int(3.14)                    #3
temp = int('456')                   #456
```

3.2.4　库函数

有时我们会说“×××对象的×××方法”，如“字符串对象提供的方法”，为什么不叫“字符串对象提供的函数”呢？其实这只是一种习惯，习惯上，把与具体对象无关的称为函数，把只能作用于特定对象的称为方法。举个例子：

在 str = input( ).strip( ).split( )中，input( )称为函数，strip( )和 split( )都是字符串对象提供的，只能作用于字符串，strip( )、split( )就称为方法。这个语句的执行过程是：input( )首先返回一个字符串对象，然后调用字符串对象的 strip( )方法去掉前后的空格，得到一个新的字符串，再调用字符串对象的 split( )方法分隔字符串，最后将结果赋值给变量 str。

传说，Python 的功能很强大，怎么内置函数就那么几十个？就连最基本的正弦、余弦函数都没有？其实 Python 是把很多功能捆绑在了称为库（模块）的对象上面，需要通过模块来调用。在安装 Python 时已经安装的库叫作标准库，需要单独下载安装库的叫作第三方库。两者本质上没有任何差别。在使用这些库时需要先导入才能使用。可以使用“import 库名”导入。例子：

```
import math             #导入 math 库
a = math.sin(2)         #调用 math 库的 sin( )函数
```

一般情况下，库函数的调用格式为：模块名. 函数名（参数 1，参数 2，……）。与内置函数比较，除了前面需要指明模块名和一个点（.）外，其他完全一样。这里把点（.）理解为“的”的意思。Python 之所以强大，原因之一是它有非常丰富和强大的标准库和第三方库，几乎你想实现的任何功能都有相应的 Python 库支持，你只需要把算法想好，然后调用这些方法就可以了。具体参见附录。当然，你也可以开发 Python 库放在 https://github.com/上供大家使用。

3.3　变量与表达式

3.3.1　变　量

在前面我们对变量已有了感性认识，在这一节对变量进行详细说明。变量是标识符，其值是某个内存单元的地址，并不存放真正的数据。如执行语句 a=1，b=1000，c=b，结合图 3.1 说明执行过程。

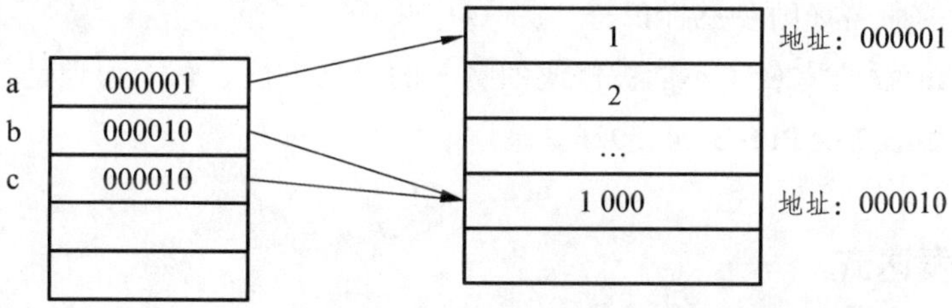

图 3.1　执行过程

a = 1 的执行过程：计算机在内存中找一块空间（假设这块空间的地址为 000001）存入数字 1，然后在另外一个地方找一个空间存放这个地址，并把这个空间命名为 a。

b = 1000 的执行过程：计算机在内存中找一块空间(假设这块空间的地址为 000010）存入数字 1000，然后在另外一个地方找一个空间存放这个地址，并把这个空间命名为 b。

c = b 的执行过程：找到 b 存储的地址（000010)，然后在另外一个地方找一个空间存放 b 存储的地址（000010）并把这个空间命名为 c。

如果继续执行 c = c+1，其执行过程是：取出 c 指向的内存中的值（1000)，然后进行加 1 运算得到 1001，然后在内存中找一块空间（假设这块空间的地址为 000015）存入数字 1001，最后再把 c 中的值修改为 000015。

Python 中变量是一种指向，可以指向任何对象。

说明：对于刚进入编程世界的你要理解这个过程可能有一定难度，但为了今后的顺利学习，一定要理解。

如果需要查看变量所指向的地址可以使用 id( )函数，如：

```
>>>a = 100
>>>id(a)
>>>1608042608                          #你实验的结果未必是这个数字
```

由于 Python 中的变量是一种指向，存储的是对象的地址，在不同时刻可以指向不同对象，所以不需要声明变量的类型。这就是认为 Python 是一种动态数据类型语言的原因。在访问变量时，该变量必须是存在的，否则会引发 NameError 异常。

实践：请在 IDLE 的交互模式下运行以下代码。

```
>>>a=100
>>>b=100
>>>a is b                    #True
>>>c=300
>>>d=300
>>>c is d                    #False
```

这是由于 Python 对一些数据采用了缓存机制，请自行查阅其他资料学习。

说明：

（1）如果需要查看变量的类型可以使用内置函数 type(变量名)。

（2）变量的命名规则参见标识符。

（3）Python 没有常量（不能被修改的量）的定义方法，一个习惯是使用全部大写的标识符来表示，如：PI = 3.1415926。

3.3.2 表达式

表达式与数学中的代数式类似，是指由变量和运算符号组合而成的式子。特别地，单独的一个值或单独的变量也是一个表达式。表达式中不能含有“=”。

例子：3、a、a+b、int('3')+8、a>b、a and b、(c==1) or (d is e)都是表达式。a=3+5 不是表达式。

知识拓展：Python 支持多变量赋值，即在一个语句中，支持对多个变量同时赋值，如：

```
>>> a,b,c = 4,8, 'John'
```

相当于执行 a = 4,b = 8,c = 'John'，三条语句，采用这种方式赋值时，要注意的是，左边变量的个数要与右边值的个数（或解包后值的个数）相等。

3.4 基本数据类型

不同的数据所表达的意义和在计算机内部的存储方式是不一样的，比如：3 和'3'，3 表示数量，'3'表示一个符号。存储 3 可能需要 4 个字节，存储'3'只需 1 个字节。根据数据在计算机中存储方式的不同把数据划分成不同的类型，称为数据类型。Python 中的数据类型有很多，本节介绍数字类型、字符串类型、布尔类型。

3.4.1　数字类型

数字类型是指表示大小、多少等的计量。Python 中数字类型主要包括整数、浮点数和复数。

1. 整数

整数包括正整数、0、负整数，没有位数限制，可以用十进制、二进制、八进制、十六进制的形式表示。用十进制数表示时不能以 0 开头。

二进制以 0b 或 0B 开头，八进制以 0o 或 0O 开头，十六进制以 0x 或 0X 开头。如：0b1001011、0B111000111 表示二进制数；0o345670、0O54332 表示八进制数；0x34AE32、0X76fB 表示十六进制数。

实践：请在 IDLE 的交互模式下运行以下代码。

```
>>>a = 0b111111000111
>>>print(a)                    #输出：4039
```

说明：默认是以十进制的形式输出，如果需要以其他进制输出，可以使用如下语句：

```
>>>a = 100
>>>print("%x,%o,%d,%s"%(a,a,a,bin(a)))
```

这里 x、o、d、s 分别表示十六进制、八进制、十进制、字符串格式。由于字符串格式化代码没有提供二进制格式，这里使用了 bin( )函数先把数值转换为二进制后再以字符串的格式输出。

2. 浮点数

浮点数是指带小数点的数，如：3.11、2.0、3.15。浮点数的位数没有限制。可以用科学计数法表示，如 4.5×10^3 可写成 4.5e3，e 后面的数字只能是整数，不能是浮点数。对于非常大的数或非常小的数用科学计数法表示很方便。

实践：请在 IDLE 的交互模式下运行以下代码。

```
>>>a=3.3
>>>b=4.5
>>>a+b
>>>a-b                        #-1.2000000000000002
>>>a*b
>>>a**b                       #幂运算
>>>a/b                        #除法运算
>>>a//b                       #整除运算
>>>a%b                        #求余运算
```

a-b 并不等于-1.2，这与 Python 存储浮点数时的精度有关，存在误差，在处理实际问题时应根据精度需要保留适当位小数即可。

3. 复数

在形式上 Python 中的复数与数学中的复数完全一样，只是虚部使用 j（或 J）而不使用 i，如：2+3j。

3.4.2 字符串类型

1. 字符串的定义

字符串是由单引号（'）或双引号（"）或三引号（'''）括起来的字符序列，是 Python 中常用的数据类型，如表示名字的"迈克尔"，表示水果的"石榴"等。在表示字符串时：

（1）字符串的开始和结尾的引号必须一致，如不能开头使用单引号，结尾使用双引号。

（2）使用单引号或双引号的字符串必须写在一行上。

（3）使用三引号可以将字符串写在连续的多行上。

（4）引号可以嵌套使用，如：book_name = "'经典教材'系列之 Python"。

2. 转义字符

在字符串中，有时需要表示一些特殊的控制字符，如换行、Tab 制表符、引号、退格键等，这些字符不能直接输入，只能使用一些特殊字符代替。Python 使用反斜杠“\”加一些特殊字符进行转义。常用转义字符如表 3.3 所示。

表 3.3 常用转义字符

转义字符	描 述	转义字符	描 述
\	续行	\n	换行
\\	反斜杠\	\’	单引号
\”	双引号	\a	响铃
\b	退格	\0	空白
\t	水平制表符	\v	垂直制表符
\f	换页	\r	回车
\odd	八进制数，dd 代表字符	\xhh	十六进制数，hh 代表字符

说明：如果字符串本身需要有类似“\t”的内容，即使“\t”不进行转义，只要在字符串前面加上 r（或 R）即可。

```
>>>a=r'aaa\tbbb'
>>>print(a)
```

输出：aaa\tbbb。

3. 字符串对象提供的常用方法

Python 中字符串对象提供了很多方法可以实现强大的字符串处理功能。为便于后续内容的学习，本节列出几个常用方法（见表 3.4），更详尽的内容参见后面的章节。

表 3.4　字符串处理功能

方法名称	语　法	描　述
lower	str. lower( )	将字符串 str 转换为小写
upper	str.upper( )	将字符串 str 转换为大写
title	str.title( )	所有单词首字母大写且其他字母小写的格式
capitalize	str. capitalize( )	首字母大写、其他字母全部小写
swapcase	str. swapcase( )	所有字母做大小写转换
isdigit	str. isdigit( )	测试字符串 str 是否是数字
isalpha	str. isalpha( )	测试字符串 str 是否是字母
isalnum	str. isalnum( )	测试字符串 str 是否是数字或字母
center	str. center(with, [, fillchar])	将字符串居中，左右两边使用 fillchar 进行填充，使得整个字符串的长度为 width，fillchar 默认为空格
ljust	str.ljust(with, [, fillchar])	字符串居左，右边使用 fillchar 进行填充
rjust	str.rjust(with, [, fillchar])	字符串居右，左边使用 fillchar 进行填充
endswith	str. endswith(suffix[, start[, end]])	检查字符串 str 是否以 suffix 结尾
startswith	str. startswith(prefix[, start[, end]])	检查字符串 str 是否以 prefix 开始
replace	str.replace(old, new[, count])	将字符串中的子串 old 替换为 new 字符串，如果给定 count，则表示只替换前 count 个 old 子串
split	str.split(sep=None, maxsplit=-1)	根据 sep 对 str 进行分割，maxsplit 用于指定分割次数，sep 默认为空格，并生成一个列表
strip	str. strip([chars])	移除左右两边的 chars，chars 默认为空格
lstrip	str. lstrip([chars])	移除左边的 chars，chars 默认为空格
rstrip	str. rstrip([chars])	移除右边的 chars，chars 默认为空格

说明：可以使用内置函数 len(str)计算字符串的长度。

3.4.3　布尔类型

布尔类型用来表示“真”和“假”，分别用标识符 True、False 表示。布尔值也可以转换为数值，True 表示 1，False 表示 0。

Python 中的所有对象都可以进行真值测试。

注意：Python 提供了 NoneType，即空类型，表示“什么都没有”，用 None 表示，既不表示空白字符也不表示数值 0。

3.4.4 数据类型转换

尽管 Python 不需要声明变量的类型，但有时还是需要进行类型转换，如要计算从键盘输入的两个数的和就需要使用 int( )函数进行转换，否则就会引发 TypeError 异常。表 3.5 列出了一些常用的类型转换函数。

表 3.5 常用的类型转换函数

函 数	描 述
int(x)	将 x 转换成整数类型
float(x)	将 x 转换成浮点数类型
complex(real[,imag])	创建一个复数，real 实部，imag 虚部
str(x)	将 x 转换成字符串
repr(x)	将 x 转换成表达式字符串
eval(str)	计算 str 中的有效 Python 表达式，并返回一个对象
chr(x)	将 ascii 码 x 转换为对应的一个字符
ord(x)	将字符 x 转换为对应的 ASCII 码
hex(x)	将整数 x 转换为对应的十六进制字符串
oct(x)	将整数 x 转换为对应的八进制字符串

注意：eval(str)中的 str 只能是字符串表达式。

说明：Python 的每个对象都分为可变和不可变，先记住：数字、字符串、元组是不可变的，列表、字典是可变的，详细介绍在第 5 章叙述。

3.5 运算符

在表达式“1+2”中，+叫作运算符，1、2 叫作操作数。运算符的意义是规定操作数的运算规则。Python 中的运算符主要包括算术运算符、赋值运算符、关系运算符、逻辑运算符、位运算符。

3.5.1 算术运算符

算术运算符如表 3.6 所示。

表 3.6 算术运算符实例

运算符	描 述	实 例
+	两个对象相加	a + b 输出结果 6
-	得到负数或是一个数减去另一个数	a - b 输出结果-2
*	两个数相乘或是返回一个被重复若干次的字符串	a * b 输出结果 8
/	两个数相除	a / b 输出结果 0.5
%	除法的余数	a %b 输出结果 2
**	幂运算	a**b 为 2 的 4 次方，输出结果 16
//	商的整数部分	7//2 输出结果 3，7.4//2 输出结果 3.0

注：实例中，a=2，b=4。

3.5.2 赋值运算符

赋值运算符如表 3.7 所示。

表 3.7 赋值运算符实例

运算符	描 述	实 例
=	简单的赋值运算符	c = a + b，即将 a + b 的运算结果赋值给 c
+=	加法赋值运算符	c += a 等价于 c = c + a
-=	减法赋值运算符	c -= a 等价于 c = c - a
*=	乘法赋值运算符	c *= a 等价于 c = c * a
/=	除法赋值运算符	c /= a 等价于 c = c / a
%=	取模赋值运算符	c %= a 等价于 c = c % a
**=	幂赋值运算符	c **= a 等价于 c = c ** a
//=	取整除赋值运算符	c //= a 等价于 c = c // a

3.5.3 关系运算符

关系运算符如表 3.8 所示。

表 3.8　关系运算符实例

运算符	描　述	实　例
==	比较对象是否相等	(a == b) 返回 False
!=	比较两个对象是否不相等	(a != b) 返回 True
>	比较 a 是否大于 b	(a > b) 返回 False
<	比较 a 是否小于 b	(a < b) 返回 True
>=	比较 a 是否大于或等于 b	(a >= b) 返回 False
<=	比较 a 是否小于或等于 b	(a <= b) 返回 True

注：① 实例中，a=2，b=4。
　　② Python3.X 不支持<>运算符。

3.5.4　逻辑运算符

逻辑运算符如表 3.9 所示。

表 3.9　逻辑运算符实例

运算符	描　述	实　例
and	如果 a 为 False，返回 False，否则返回 b 的值	a and b
or	如果 a 为 True，返回 True，否则返回 b 的值	a or b
not	如果 a 为 True，返回 False，否则返回 True	not a

说明：可以使用内置函数 bool（参数）将参数转换为布尔值，参数可以是一个复杂的表达式。

实践：请在 IDLE 的交互模式下运行以下代码。

```
>>>bool(1)
>>>bool(None)
>>>bool(3>=4)
>>>3 and 8
>>>bool(3 and 8)
>>> 0 or 5
```

3.5.5　位运算符

Python 中，位运算符是指对操作数的二进制位进行操作的运算符。其操作数只能是整数，运算规则如表 3.10 所示。

表 3.10　位运算符实例

运算符	描　述	实　例
&	按位与运算符：如果参与运算的两个值的相应位都为 1，则结果为 1，否则为 0	(a & b)的值为$(0000\ 1100)_2$或$(12)_{10}$
|	按位或运算符：只要对应的两个二进位有一个为 1 时，结果位就为 1	(a | b)的值为$(0011\ 1101)_2$或$(61)_{10}$
^	按位异或运算符：当两对应的二进位相异时，结果为 1	(a ^ b)的值为$(0011\ 0001)_2$或$(49)_{10}$
~	按位取反运算符：对数据的每个二进制位取反,即把 1 变为 0，把 0 变为 1	(~a)的值为$(1100\ 0011)_2$或$(-61)_{10}$
<<	左移运算符：对操作数的二进制位全部左移若干位，由<<右边的数字指定移动的位数，高位丢弃，低位补 0	a << 2 的值为$(1111\ 0000)_2$或$(240)_{10}$
>>	右移运算符：对操作数的二进制位（除符号位外）全部右移若干位，由>>右边的数字指定移动的位数，符号位不变，高位补 0	a >> 2 的值为$(0000\ 1111)_2$或$(15)_{10}$

实例中，a = 60，b = 13。二进制形式：a = $(0011\ 1100)_2$，b = $(0000\ 1101)_2$。

实践：请在 IDLE 的交互模式下运行以下代码。

```
>>>2<<2                    #输出 8
>>>2<<4                    #输出 32
>>>9>>2                    #输出 2
>>>9>>1                    #输出 1
>>>6^5                     #输出 3
>>>3^5                     #输出 6
```

请总结<<、>>、^的运算规律。如果你与你的朋友想说“暗语”，可以怎么做呢？

3.5.6　成员运算符与身份运算符

成员运算符是判断 1 个对象是不是某个序列中的元素的运算符，如表 3.11 所示。例如：集合 A={1,2,3,4}，判断 1 在 A 中吗？就可以使用 1 in A 进行判断。

表 3.11　成员运算符实例

运算符	描　述	实　例
in	如果在指定的序列中找到值则返回 True，否则返回 False	x in y，如果 x 在序列 y 中返回 True，否则返回 False
not in	如果在指定的序列中没有找到值则返回 True，否则返回 False	x not in y，如果 x 不在序列 y 中返回 True，否则返回 False

身份运算符是判断两个对象是不是同一个对象的运算符，如表 3.12 所示。

表 3.12 身份运算符实例

运算符	描 述	实 例
is	is 是判断两个对象是不是指向同一个对象	x is y，等价于 id(x) == id(y)，如果指向的是同一个对象则返回 True，否则返回 False
is not	is not 是判断两个对象是不是指向不同对象	x is not y，等价于 id(x) != id(y)。如果指向的不是同一个对象则返回 True，否则返回 False

实践：请在 IDLE 的交互模式下运行以下代码。

```
>>>a = 300
>>>b = 300
>>>a is b                    #输出 False
>>>a == b                    #输出 True
>>>c=d=300
>>>c is d                    #输出 True
```

小结：

（1）==是比较值是否相等，is 是比较内存地址是否相等。

（2）如果需要查看对象的内存地址，可以使用内置函数 id（对象）获取。

3.5.7 运算符的优先级

运算符的优先级是指在一个式子中，如果有多个运算符，哪个运算符先运算，哪个后运算。与数学中的“先乘除，后加减”是一样的。表 3.13 列出了从高到低优先级的所有运算符。

表 3.13 运算符的优先级

运算符	描 述
**	指数（最高优先级）
~ 、+、 -	取反、正号、负号
* 、/、%、//	乘、除、取模、整除
+ 、-	加法减法
>> 、<<	右移、左移运算符
&	按位与运算符
^ 、|	按位异或运算符、按位或运算符
<= 、<、 >、 >=、==、 !=	比较运算符
= 、%=、 /=、 //=、 -=、 +=、 *=、 **=	赋值运算符
is、 is not	身份运算符
in 、not in	成员运算符
not 、and、or	逻辑运算符

运算符的运算规则是：优先级高的先执行，优先级低的后执行，同一优先级的按照从左到右的顺序执行。例子：2+3**6//2%3，由于**的优先级最高，先执行，表达式转变为：2+729//2%3，//和%具有相同优先级，先执行//，表达式转变为：2+364%3，%的优先级高于+，先执行，表达式转变为：2+1，最后执行+，结果为 3。

实际上，无须记住这些运算符的优先级，因为可以使用（ ）来改变运算顺序，从而避免发生逻辑错误。如上面这个表达式可以写成：2+(((3**6)//2)%3)。

3.6　流程控制语句

我们在前面编写的绝大多数代码中，程序都是按照书写顺序从上往下执行，直到所有语句执行完毕为止。但是，仅靠这种顺序执行方式并不能完全满足实际需求，比如：当用户输入一个整数，如果这个数是偶数，则打印“偶数”，否则打印“奇数”。这个问题显然不能用顺序执行的方式来模拟，程序需要先进行判断，然后再根据判断的结果有选择地执行相应语句，即有时需要一些可以改变程序运行顺序的指令才能解决某些问题。本节我们就来学习 Python 中关于改变程序运行顺序（程序流程控制）方面的知识。

实际上，计算机在解决某个具体问题时，主要有 3 种情形：顺序执行所有语句、选择执行部分语句、循环执行部分语句。事实证明，任何一个能用计算机解决的问题，都可运用这 3 种基本结构来编写程序。

3.6.1　选择语句

首先我们用中文写出前面的要求：

```
用户输入一个整数（n）
如果这个整数（n）是偶数，那么：
    打印“偶数”
否则：
    打印“奇数”
```

Python 中需要这样翻译上面这段代码，计算机才能识别：

```
n = int(input())
if   n 是偶数:
    print('偶数')
else:
    print('奇数')
```

即：“如果”用关键字“if”表示，“否则”用关键字“else”表示。

Python 中选择语句主要有 3 种形式：① if 语句；② if …else 语句；③ if …elif…else 语句。

1. if 语句

if 语句的语法格式如下：

```
if  表达式:
    语句块
```

当表达式的值为 True 时，则执行语句块，如果值为 False，则不执行语句块。有两点需要注意：一是表达式后面需要一个“:”，二是语句块中的每条语句需要具有相同的缩进量，缩进量的规范是相对于前面 if 的位置缩进 4 个空格。

例子：分析、实践比较下面两段代码的执行结果。

```
age = 16
if age > 18:
    print('你是成年人')
    print('你还不是成年人')
```

```
age = 16
if age > 18:
print('你是成年人')
print('你还不是成年人')
```

：在前面的叙述中，“表达式的值为 True”是指表达式的值可以通过 bool( )函数转换为 True。后面凡是说“表达式的值为 True”都与此类似，不再赘述。

2. if…else 语句

if …else 语句的语法格式如下：

```
if 表达式:
    语句块 1
else:
    语句块 2
```

这种结构是一种二选一的结构，根据表达式的值，如果值为 True，程序执行语句块 1，否则执行语句块 2。相当于汉语中的“如果……就……，否则……就……”语句。

例子：假设某年高考二本划线 500 分，请编写一段代码判断某个学生是否能上二本。程序代码如下：

```
score = int(input('请输入学生成绩:'))
if score >= 500:
    print('能上二本')
else:
    print('不能上二本')
```

知识拓展：

（1）如果语句块中只有一条语句，可以直接书写在“:”的后面。例如，可将上面代码的判断部分改写成（为了代码的可读性，并不推荐这样做）：

```
if score >=500: print('能上二本')
else: print('不能上二本')
```

（2）Python 没有三目运算符（即条件运算符），是用条件表达式代替的。如：

```
var1 = 2
if var1 >0:
    var2 = 1
else:
    var2 = -1
```

可以改写成：var2 = 1 if var1>0　else　-1。其执行逻辑是如果条件成立就返回 if 前面的值，否则就返回 else 后面表达式的值。

例子：假设 n 为一个整数，如果 n 既是 3 的倍数又是 7 的倍数，则输出“T”，否则输出“F”。

```
if  n % 3==0 and n % 7 ==0:
    print("T")
else:
    print("F")
```

可改写为：

```
print ( "T " if  n % 3==0 and n % 7 ==0 else "F")
```

3. if…elif…else 语句

if …elif…else 语句的语法格式如下：

```
if 表达式 1:
    语句块 1
elif 表达式 2:
    语句块 2
……
else:
    语句块 n
```

这种结构是一种多选一的结构，其执行逻辑是首先判断表达式 1 的值，如果为 True 则执行语句块 1，如果为 False 则判断表达式 2 的值，如果为 True 则执行语句块 2，如此继续……，在这个过程中，一旦某个表达式的值为 True，在执行后面语句块后，不再判断后面的所有表达式。只有当所有表达式的值都为 False 时才执行 else 后面的语句块。

例子：判断学生成绩的等级，规则是：成绩小于 60 分为不合格，大于或等于 60 分小于 70 分为合格，大于或等于 70 分小于 80 分为良好，大于 80 分为优秀。程序代码如下：

```
score = int(input('请输入学生成绩(整数)：'))
if scroe < 60:
    print('不合格')
elif score>=60 and score <70:
    print('合格')
elif score>=70 and score <80:
    print('良好')
else:
    print('优秀')
```

如果将上面这段代码改写为：

```
score = int(input('请输入学生成绩(整数)：'))
if scroe < 60:
    print('不合格')
elif score <70:
    print('合格')
elif score <80:
    print('良好')
else:
    print('优秀')
```

代码中的表达式并没有严格按规则书写，请你仔细想想这段代码能正确判断吗？为什么？

4. if 语句的嵌套

if 语句的嵌套是指在 if 语句的语句块中，还可以包含一个或多个 if 语句。语法格式如下：

```
if 表达式 1:
    if 表达式 2:
        语句块 1
    else:
        语句块 2
elif 表达式 3:
    语句块 3
```

理解嵌套结构只需把里面的 if 语句当成是一条语句即可。虽然在 Python 中对嵌套的层数没有限制，但如果层数过多会对理解代码的执行逻辑带来困难，因此，建议不要嵌套较多的层数。另外，需要注意的是不同级别语句块的缩进量不同。

例子：当前，高校自主招生的名额正在逐年增加，为一些具有特长的学生进入理想高校拓宽了渠道，如 2016 年参加"全国青少年信息学奥林匹克竞赛"获得省级一等奖，中国人民公安大学降至投档线下 30 分录取，南开大学降至投档线下 40 分录取。假设 2016 年中国人民公安大学的投档线是 530 分，南开大学的投档线是 600 分。请编写一段代码判断一个学生可以被哪些高校通过自主招生渠道录取。

输入要求：从键盘输入学生高考成绩和是否获得省级一等奖（用空格隔开）。

输入样例：580 已获得；输出样例：中国人民公安大学　南开大学。

输入样例：590 未获得；输出样例：不能通过自主招生渠道录取。

程序代码如下：

```
01 score_str,get_str = input('请输入：').strip().split()
02 score = int(score_str)
03 if get_str ==' 已获得':
04     if score >=530-30:
05         print('中国人民公安大学',end=' ')
06     if score >=600-40:
07         print('南开大学',end=' ')
08 else:
09   print('不能通过自主招生渠道录取')
```

说明：strip( )方法的作用是去掉字符串前后的空白，split( )方法的作用是把字符串按指定字符进行切片，本例中为按空格切片。01 行的左边有两个变量，这是 Python 中多变量赋值的写法。

3.6.2　循环语句

循环语句是指控制一段代码重复执行多次的语句。首先看一个实际生活中的情景：

在体育课堂中，长跑项目通常是在学校的运动场上沿跑道奔跑，只有当听到体育老师吹口哨的声音时才能停下来，如果体育老师一直不吹口哨，将跑完一圈又一圈……

Python 中有两种方式实现这种循环结构，分别是 while 循环和 for 循环。下面分别介绍这两种循环结构。

1. while 循环

while 循环的基本语法如下：

```
while 表达式:
      语句块（循环体）
```

其执行逻辑是，首先判断表达式的值，如果为 True 则执行语句块，否则不执行语句块，当语句块执行完后，再次判断表达式的值，如果为 True 则执行语句块，否则不执行语句块，如此继续……。与 if 语句类似，一是表达式后面需要一个“:”，二是语句块中的每条语句需要具有相同的缩进量，缩进量的规范是相对于前面 while 的位置缩进 4 个空格。

例子：用 while 循环实现计算 1+2+3+4+……+100 的和。代码如下：

```
01  sum = 0
02  i = 1
03  while i<=100:
04      sum += i
05      i += 1
06  print(sum)
```

代码执行过程分析：01、02 行为赋值语句，当执行到 03 行时，程序首先判断表达式 i<=100 是否为 True，由于此时 i 的值为 1，表达式 1<=100 的值为 True，执行 sum +=i 和 i += 1 这两条语句，语句块执行完毕，此时 i 的值变为 2，再次判断表达式 i<=100 的值，由于表达式 2<=100 的值为 True，再次执行语句块，……，当执行 100 次以后，i 的值变为 101，由于表达式 101<=100 的值为 False，不再执行语句块，循环结束。

如果循环语句中表达式的值永远为 True，那么将无限次的循环执行语句块，这样的循环称为“死循环”。如果没有特别需要，不要将代码写成“死循环”。

例子：请编写程序求方程：2x+y=100 在[1，100]内的整数解。

分析：一个二元一次方程的解的个数可能有很多，不能利用数学上常规的通过变形、化简来求解。只能使用枚举法逐一尝试某个组合是否是方程的解。由于计算机的运算速度很快，非常适合使用枚举法进行求解。程序代码如下：

```
x =1
while x <=100:
    y =100-2*x
    if  1<=y<=100:
        print("x={},y={}".format(x,y))
    x +=1
```

知识拓展：Python 中没有 do……while 循环，但是 Python 的 while 循环支持 else 关键字。

语法格式如下：

```
while 表达式:
    语句块 1
else:
    语句块 2
```

执行逻辑是：先执行完语句块 1，再执行语句块 2。需要注意两点：一是语句块 2 是否被执行与表达式的值无关；二是当在语句块 1 中使用 break 关键字终止循环时，语句块 2 不会被执行。

2. for 循环

for 循环的基本语法如下：

```
for 变量 in 对象:
        语句块（循环体）
```

对象是指有一个或多个元素的序列，如字符串以及后面将要介绍的列表、元组、集合、字典等对象。其执行逻辑是首先从对象中取出第一个元素赋值给变量，执行语句块，然后从对象中取出第二个元素，再执行语句块，……直到取完对象中的所有元素时为止。与 while 循环类似，语句块也需要缩进。下面看一个打印字符串中每个字符的例子。

```
sentence = "I am a student"
for ch in sentence:
    print(ch,end=', ')
```

将输出：I, ,a,m, ,a, ,s,t,u,d,e,n,t,

在编程活动中把对一个对象中的每个元素进行一次且仅做一次的访问称为遍历。for 循环非常适合于对对象进行遍历。

range( )函数介绍：range( )函数是 Python 的内置函数，其作用是生成一个整数迭代器，多用于 for 循环中，语法格式如下：

```
range(start,end,step)
```

start：起始值，默认值为 0。

end：终止值，但不包括这个值。

step：步长（两个数之间的间隔），默认值为 1。

说明：除参数 end 外，其他参数都可以省略，参数的个数可能有 1 个或 2 个或 3 个。

```
range(10)          #只有 1 个参数时，这个参数 10 表示 end
range(2,10)        #只有 2 个参数时，第 1 个参数 2 表示 start，第 2 个参数表示 end
range(1,100,2)     #同时有 3 个参数时，分别表示 start、end、step
```

例子：

range(5)将产生一个元素为 0.1,2,3,4 的 range 对象。

range(2,10)将产生一个元素为 2,3,4,5,6,7,8,9 的 range 对象。

range(2,10,2)将产生一个元素为 2,4,6,8 的 range 对象。

例子：请使用 for 循环实现 1+2+3+4+…100 的和。代码如下：

```
sum = 0
for i in range(1,101):
```

```
    sum +=i
print(sum)
```

知识拓展：for 循环也支持 else 关键字。语法格式如下：

```
for 表达式:
        语句块 1
 else:
语句块 2
```

其执行逻辑与 while 循环完全相同。

3. 循环嵌套

与 if 嵌套类似，也可以在循环体中嵌入另外一个循环，称为循环嵌套。while 循环和 for 循环可以相互嵌套。下面用一个简单例子说明。

例子：打印九九乘法表。输出格式如下：

1×1 =1

1×2 = 2　　2×2 = 4

1×3 = 3　　2×3 = 6　　3×3 = 9

……

1×9 = 3　　2×9 = 18　　3×9 = 27　　4×9 = 36 ……

分析：仔细观察九九乘法表的结构，可以发现一共有 9 行，并且每行式子的个数与行号相等。我们用 n 表示行号，范围是[1,9]，m 表示每行式子的个数，范围是[1,n]；再观察每个式子，被乘数的变化规律是从 1 到行号，即[1,n]，乘数都是行号，即通式为 m×n。于是可写出如下的循环嵌套程序代码：

```
01 for n in range(1,10):                                  #控制行数
02     for m in range (1,n+1):                            #控制每行式子的个数
03         print("{}×{}={}".format(m,n,m*n),end='   ')    #不换行
04     print()
```

在这段代码中，03 行代码一共执行了 1+2+3+…+9=45 次，你知道为什么吗？

4. break 和 continue 语句

break 意为打破、中断，continue 意为继续。在 Python 中这两个关键字都是用于改变循环体中语句执行顺序的。break 用于终止当前循环过程，continue 用于忽略本次循环体中后面的语句，直接开始下一次循环。举个例子：

学生在运动场进行长跑比赛的过程中，因为犯规直接退出比赛，就相当于使用了 break 的作用。当跑到 1 圈半的时候，因为裁判特许直接回到起点从第 2 圈继续开始，就相当于使用了 continue 的作用。

例子：输入一个英语句子，统计字母 n 的个数，当遇到空格时终止统计。

```
sum = 0
word = input('请输入英语单词：')
for w in word:
    if w=='n':
        sum +=1
        continue
    elif w ==' ':
        break
print(sum)
```

例子：请编写一个程序找出[3,100]中的所有质数（素数）。

分析：质数的定义是：在大于 1 的自然数中，除了 1 和它本身以外不再有其他因数的数。最小的质素是 2。解决这个问题，我们可以划分为这样的步骤：

第一步：依次取出[3,100]中的每一个数，即遍历[3,100]。

第二步：对第一步中取出的每个数（n），都进行如下操作：

分别用 2, 3, 4, ……, n-1 去除 n，如果都不能整除，则这个数是质数，只要有一个数能整除 n，则这个数就不是质数。

```
01 for n in range(3,101):
02     for m in range(2,n):
03         if   n % m ==0 :
04             break
05     else:
06         print(n)
```

知识拓展：将 02 行改为“for m in range(2, int(math.sqrt(n)) + 1):”后也能正确求解，并且次数明显减少[int(math.sqrt(n))是对 n 的算术平方根取整，使用前需要使用 import math 语句导入 math 模块]。其理论根据是：如果一个数是合数，那么它的最小质因数一定小于或等于它的平方根。

3.7　正则表达式

在处理字符串时，经常需要判断字符串是否符合某种规则，或者从字符串中替换符合某种规则的子字符串以及提取子字符串。正则表达式就是描述这个规则的工具。正则表达式本身也是一个字符串，只是字符串里面的字符具有特殊意义。本节我们简单介绍正则表达式的编写规则和 re 库的基本使用。本节内容具有一定难度，如果阅读有些困难，可以暂时跳过。

学习编写正则表达式，主要就是学习一些字符表示的特殊意义，如“^”和“$”

分别表示字符串的开始和结束。下文中为了方便描述和实践，我们做如下规定：

（1）一律使用变量 pattern 来使用正则表达式；

（2）为了防止字符串本身的转义字符发生作用，在正则表达式前一律加 r；

（3）使用下面的代码片段测试与正则表达式的匹配情况。

```
import re
pattern = r"^abc"                                    #模式字符串
dst_str = "abcaaaaaaaaaaa"                           #待检验的字符串
m = re. findall (pattern,dst_str)
if len(m) !=0:
    print(m)
else:
    print('不匹配')
```

3.7.1 正则表达式的编写规则

正则表达式中，主要由表示字符类型（匹配什么）、数量（匹配多少）、位置（在哪里匹配）等字符组成。在这些字符中，有些字符并不是指匹配自己，而是表示其他意义的字符。如“a$”，不是表示字符串中需要有“$”，而是表示字符串要以“a”结尾，我们把这样的字符叫作元字符。元字符有：. ^ $ * + ? \ | () [] {}11 个。“\”叫作转义字符，后边跟元字符去除特殊功能，后边跟普通字符实现特殊功能。

1. 表示类型的字符

表 3.14 表示类型的字符

元字符	意 义
.	匹配除换行符以外的任意字符
\w	匹配字母、数字、下划线、汉字
\s	匹配任何空白字符，包括空格、制表符、换页符等
\d	匹配数字字符
\W	匹配非字母、数字、下划线、汉字
\S	匹配任何非空白字符
\D	匹配非数字字符
[ ]	字符集合，匹配其中的任意一个字符

说明：如果这些元字符后面没有表示数量的元字符，则表示匹配 1 个。

[ ]字符集合，可匹配其中任意一个字符，除了^、-、]、\以外，其他字符都表示字符本身。“^”放在第 1 个位置时，表示否定，放在其他位置时就表示“^”本身；“-”放在中间位置表示“到”的意思，放在最前或最后时都表示“-”本身。“]”放在第 1 个位置时表示“]”本身，其他位置表示与前面“[”配对的终止符号，“\”转义字符。

2. 表示数量的字符

表 3.15　表示数量的字符

元字符	意　义
*	匹配任意数量
?	匹配 0 次或 1 次
+	匹配 1 次或多次
{n}	匹配 n 次
{n,}	匹配最少 n 次
{n,m}	匹配最少 n 次，最多 m 次

说明：表示数量的元字符需要跟在表示类型的元字符的后面。

3. 表示位置的字符

表 3.16　表示位置的字符

元字符	意　义
^	匹配字符串的起始位置，在[　]中表示否定
$	匹配字符串的结束位置
\b	匹配单词边界
\B	匹配非单词边界

例子：编写满足“第 1 个字符为字母，后面紧跟 1～3 个数字，以 OK 结尾的字符串”的正则表达式。

```
pattern = r"^[a-zA-Z]\d{1,3}OK$"
```

“a25OK”会匹配成功，“a256fgfdgdfg5OK”会匹配失败。

4. 分组，小括号（ ）

对单个字符进行重复，可以在字符后面跟上表示位置的字符即可，但如果要对多个字符进行重复怎么办呢？此时就要用到分组，可以使用小括号（ ）来指定要重复的子表达式，然后对这个子表达式进行重复，例如：(abc)? 表示 0 个或 1 个 abc 这里一个括号里的表达式就是一个分组。

再如，要从一个类似于“010-88888888”的固定电话号码字符串中提取区号和电话号码。同样需要分组，可以使用 r' (\d{3,4})-(\d{8})'得到结果。

（ ）的功能比较复杂，这里只介绍分组中几个较为简单的功能。

（1）捕获组：(…)，语法格式如下：

（rule），匹配 rule 并捕获匹配结果，自动设置组号。这里的捕获是指仅提取与 rule 匹配的内容，而不提取（ ）外面的内容。例子：

```
pattern = r' (\d{3,4})-(\d{8})'              #有两个分组
dst_str = "010-88888888"
```

将提取出：010、88888888，但不提取“-”。

（2）无捕获组：(?: …)，语法格式如下：

(?: rule)，匹配 rule 但不捕获匹配结果，这里的不捕获是指不单独提取与 rule 匹配的内容，而是要与（ ）外面的内容一起提取。例子：

```
pattern = r' (?:\d{3,4})-(?:\d{8})'          #有两个分组
dst_str = "010-88888888"
```

将提取出：010-88888888。

也许你会发现 r' (?:\d{3,4})-(?:\d{8})'与 r'\d{3,4}-\d{8}'得到的结果是一样的，(?: rule)究竟有什么作用呢？如果需要匹配形如“999.999.999.999”这样的字符串，就可以使用 r' (?:\d{3}\.){3}\d{3}'，如果不用分组，就需要使用 r'\d{3}\.\d{3}\.\d{3}\.\ d{3}'，这就是他们的区别。

（3）前向界定：(?<=…)、前向否定界定：(?<!…)、后向界定：(?=…)、后向否定界定：(?!…)。

这些界定符号的作用是表达需要匹配的内容“在（不在）什么之后，在（不在）什么之前”这种判断。

例子：写出“在<h1>之后且在</h1>之前”的正则表达式。

```
pattern = r' (?<=<h1>).*?(?=</h1>)'
dst_str = r'<html><title><h1>HTML 页面</h1></title>'
```

将提取出：HTML 页面。

注意：前向界定括号中的表达式必须是常值，即不能在前向界定的括号里写正则表达式。

5. 或规则“|”

当在正则表达式中使用“|”时，例如：A | B，表示只要满足 A 或满足 B 就可以匹配。A、B 的范围是它两边的整条规则，如果想限定它的范围，必需使用一个无捕获组(?:)包起来。如：

pattern = r" I an a student | teacher"，则 A = " I an a student"，B = " teacher"，若修改为:

pattern = r" I an a (?:student | teacher)"，则 A = " student"，B = " teacher"。

6. 匹配模式：贪婪匹配与非贪婪匹配

贪婪匹配：在满足匹配时，匹配尽可能长的字符串。非贪婪匹配：在满足匹配时，匹配尽可能短的字符串，只要能匹配即可。默认情况下，采用贪婪匹配模式。

如果需要修改为非贪婪匹配模式，只要在表示数量的字符的后面加上“?”即可。如：

*? 、+?、??、{n,m}?、{n,}?

说明：字符串中的转义字符与正则表达式中的转义字符没有任何关系。如果你使用一个未加 r 的字符串作为正则表达式，那么在实际匹配时会首先进行字符串转义，然后再进行正则表达式转义。

动手实践：请编写描述下列规则的正则表达式。

（1）由大小写字母、数字组成，且长度在[8,20]。

（2）yyyy-yy-yy，其中 y 表示数字。

（3）检验手机号：以 13、15、18 开头的手机号。

（4）从字符串中提取包含在<ul>XXX</ul>之间的子字符串 XXX。

参考答案：

（1）pattern =r'^[a-zA-Z0-9]{8,20}$'

（2）pattern =r'^(?:\d{4})-(?:\d{2})-(?:\d{2})$'

（3）pattern = r'^(?:13|15|18)\d{9}$'

（4）pattern = r'(?<=<ul>).*?(?=</ul>)'

本节我们只是简单介绍了编写正则表达式的一些规则，更深入的内容请参考相关资源。

3.7.2　re 库的基本使用

re 库是 Python 的标准库，主要用于字符串匹配和替换，如表 3.17 所示。在使用前需要用 import re 导入。

表 3.17　re 库主要功能函数

函数名称	说　明
compile	将正则表达式编译成一个正则表达式对象
findall	搜索字符串，以列表形式返回全部能匹配的子串
search	从一个字符串中搜索匹配正则表达式的第一个匹配，返回 match 对象
match	从一个字符串的开始位置起匹配正则表达式，返回 match 对象
sub	替换字符串中的匹配项，返回替换后的字符串
subn	替换字符串中的匹配项，返回一个元组，存放替换结果和替换次数
split	将一个字符串按照正则表达式匹配结果进行分割，返回列表
finditer	搜索字符串，返回一个匹配结果的迭代类型，每个元素是 match 对象

1. compile 函数

功能：对正则表达式进行编译，返回正则表达式对象。对正则表达式先编译，可以大幅提高匹配速度。

语法格式：

```
re.compile(pattern,[flags])
```

参数：pattern，正则表达式；参数 flag，可选参数，指定匹配模式，取值如表 3.18 所示。

表 3.18 修饰符

修饰符	描述
re.I	使匹配对大小写不敏感
re.L	做本地化识别（locale-aware）匹配
re.M	多行匹配，影响 ^ 和 $
re.S	使 . 匹配包括换行在内的所有字符
re.U	根据 Unicode 字符集解析字符。这个标志影响 \w, \W, \b, \B.
re.X	正则表达式可以是多行，忽略空白字符，并可以加入注释。主要是为了让正则表达式更易读

后面 re 库函数中 flags 参数的意义同上。

例子：

```
>>>str = 'made in china'
>>> pattern = 'china'
>>>a=re.compile(pattern)
>>>a.findall(str)                  #匹配 str 中的字符'china'
['china']                          #匹配到'china', 返回一个列表
```

说明：re 库的两种使用方法：

（1）函数式：直接使用形如 re.函数名(pattern，dst_str)。

（2）对象式：首先把 pattern 使用 compile(pattern)函数转变为正则表达式对象后，再使用：

对象.方法名(dst_str)。这里的方法名与（1）中的函数名完全相同。

本书中，我们以函数式进行介绍。

2. findall 函数

功能：返回字符串 dst_str 中匹配 pattern 格式的所有子串，以列表形式返回，如果没有找到匹配的，则返回空列表。

语法格式：

```
re.findall(pattern，dst_str, flags=0)
```

例子：

```
>>>dst_str = 'piy poy pky piy pry psy'  #定义字符串变量 dst_str
>>>re.findall('piy', dst_str)           #用 findall 函数在 dst_str 中匹配字串'piy'
```

```
['piy', 'piy']                         #匹配出两个字串'piy'，作为列表元素输出
```

注意：当正则表达式中有（ ）时，其输出的内容有多种变化。

3. search 函数

功能：扫描整个字符串并返回第一个匹配的值，匹配成功返回 match 对象 否则返回 None。

语法格式：

```
re.search(pattern, dst_str, [flags])
```

例子：

```
>>> dst_str = 'www.baidu.com'
>>>r=re.search('com', dst_str)
>>>r.group()              #用 match 对象的 group()方法返回匹配的字符串
'com'
>>>r.span()               #用 match 对象的 span()方法返回匹配的位置(开始,结束)
(10,13)                   #span()函数返回一个位置元组
```

4. match 函数

功能：从字符串的开始位置进行匹配，匹配成功返回 match 对象，否则返回 None。

语法格式：

```
re.match(pattern, dst_str, [flags])
```

例子：

```
>>> dst_str ='www.baidu.com'
>>>r=re.match('www', dst_str)
>>>r.group()
'www'
```

re.match 与 re.search 的区别：re.match 从字符串的开始位置进行匹配，如果字符串开始不符合正则表达式，则匹配失败，函数返回 None；而 re.search 匹配整个字符串，直到找到一个匹配。

表 3.19 所示为 match 对象的方法。

表 3.19　match 对象的方法

方　法	描　述
group()	返回被 re 匹配的字符串
span()	返回一个元组包含匹配的位置(开始,结束)
start()	返回匹配开始的位置
end()	返回匹配结束的位置

5. sub 函数

功能：替换字符串中的匹配项。

语法格式：

```
re.sub(pattern, repl, dst_str, [count], [flags])
```

参数：

pattern：正则中的模式字符串。

repl：替换的字符串，也可为一个函数。

dst_str：要被查找替换的原始字符串。

count：可选参数，模式匹配后替换的最大次数，默认值为 0，表示替换所有的匹配。

例子：

```
>>> dst_str ='400-888-345-789'
>>>t=re.sub('0', '2', dst_str)
>>>print(t)                              #输出 422-888-345-789
>>>r=re.sub('\D', '', dst_str)           #用空字符替换 dst_str 中的非数字字符' – '
>>>print(r)                              #输出 400888345789
>>>p=re.sub('8', '6', dst_str，count=2)  #count=2 表示只替换 2 次
>>>print(p)                              #输出 400-668-345-789
```

6. subn 函数

功能：替换字符串中的匹配项，返回一个元组，存放替换结果和替换次数。

语法格式：

```
re.subn(pattern, repl, dst_str, [count], [flags])
```

参数：

pattern：正则中的模式字符串。

repl：替换的字符串，也可为一个函数。

dst_str：要被查找替换的原始字符串。

count：可选参数，模式匹配后替换的最大次数，默认值为 0，表示替换所有的匹配。

例子：

```
>>>r='I like you I like you'
>>>re.subn('you', 'him',r)      #将变量 r 中的'you'替换为'him'
('I like him I like him',2)     #返回一个元组，'2'表示替换了 2 次
```

7. split 函数

功能：将一个字符串按照正则表达式匹配结果进行分割，返回列表。

语法格式：

```
re.split(pattern, dst_str, [maxsplit], [flags])
```

参数：

pattern：正则中的模式字符串。

dst_str：要被查找替换的原始字符串。

maxsplit：可选参数，最大的分割次数，默认全部分割，剩余部分作为最后一个元素。

例子：

```
>>>re.split(r'[1-9]\d{5}', 'BIT100081 TSU100084')    #输出['BIT', ' TSU', '']
>>>re.split(r'[1-9]\d{5}','BIT100081 TSU100084', maxsplit=1)  #输出['BIT',' TSU100084']
```

技巧：如果使用带括号的正则表达式，则可以将正则表达式匹配的内容也添加到列表内。

```
>>> re.split(r'([1-9]\d{5})', 'BIT100081 TSU100084')
```

输出：['BIT', '100081', ' TSU', '100084', '']。

8. finditer 函数

功能：搜索字符串，返回一个匹配结果的迭代类型，每个元素是 match 对象。

语法格式：

```
re.finditer(pattern, dst_str, [flags])
```

参数：

pattern：正则中的模式字符串。

dst_str：待匹配的字符串。

例子：

```
import re
for m in re.finditer(r"[0-9]\d{5}", "HHU211100 HHU211000"):
    if m:
        print(m.group(0))
```

输出：

211100

211000

本章小结

本章详细介绍了 Python 的基本语法规则，主要包括代码缩进、注释、各种运算符、表达式、字符串及正则表达式、程序流程控制语句。这些是 Python 的基础内容，需要重点掌握，为后续内容的学习打下良好的基础。在教学实践中，我们发现许多同学不熟悉键盘，不能透彻理解计算机执行代码的逻辑，能用中文表达出解决问题的步骤，但不能书写出程序代码。为此我们列出了许多具有完整功能的代码实例，希望同学们不要仅停留在阅读理解的层面，一定要动手实践这些代码，并仔细体会计算机执行这些代码的逻辑顺序以及解决问题的方法。当然在实践过程中，一定会遇到很多错误，排除一次又一次错误的过程便是你成长的过程。内容顺序是按照我们在实际教学过程中总结得出的，易于理解和便于上机实践操作。

练习题

1. 不同的运算符具有不同的优先级，优先级高的运算先执行，优先级低的运算后执行，同一优先级的运算按从左到右顺序进行。实际上往往难以记住这些运算符的优先级别，通常是采用（ ）来改变运算次序。请在 IDLE 的交互模式执行下面的语句并分析结果填空。

```
>>>-2*3**4
>>>-6**2
>>>6 and 3
>>>6 or 3
>>>5>4 and 6<8
>>>not 3 and 8<7
```

（1）-的优先级________（高于/低于）**的优先级。

（2）在表达式 a and b 中，如果 a 为 True，则表达式的值为_____，如果 a 为 False，则表达式的值为______；在表达式 a or b 中，如果 a 为 True，则表达式的值为_______，如果 a 为 False，则表达式的值为______。

（3）and 的优先级______（高于/低于）比较运算符。not 的优先级______（高于/低于）and 的优先级。

2. 由键盘输入一个非负整数，判断这个非负整数有多少位数，如 99 输出 2，1024 输出 4。

3. 分别计算整数 1 ~ 1000(包括 1 和 1000)的所有奇数的和、所有偶数的和。

4. 由键盘输入 *n* 个学生的成绩，找出最高分，分数之间用空格隔开。

5. 角谷猜想，是指对于任意一个正整数，如果是奇数，则乘 3 加 1，如果是偶数，则除以 2，得到的结果再按照上述规则重复处理，最终总能够得到 1。例如，假定初始整数为 5，计算过程分别为 16、8、4、2、1。程序要求输入一个整数，将经过处理得到 1 的过程输出来。

输入样例：5

输出样例：

```
5*3+1=16
16//2=8
8//2=4
4//2=2
2//2=1
End
```

6. 国王将金币作为工资，发放给忠诚的骑士。第 1 天，骑士收到一枚金币；之后两天(第 2 天和第 3 天)里，每天收到两枚金币；之后三天(第 4、5、6 天)里，每天收到三枚金币；之后四天(第 7、8、9、10 天)里，每天收到四枚金币……这种工资发放模式会一直这样延续下去：当连续 n 天每天收到 n 枚金币后，骑士会在之后的连续 $n+1$ 天里，每天收到 $n+1$ 枚金币(n 为任意正整数)。你需要编写一个程序，确定从第一天开始的给定天数内，骑士一共获得了多少金币。

输入样例：6

输出样例：14

7.编写程序，打印出下面的图形。

```
*
**
***
****
*****
****
***
**
*
```

第 4 章　自定义函数

函数（function）是所有程序设计语言的核心内容之一，在前面我们已经多次接触过函数。函数的最大优点是增强了代码的重用性和可读性，能提高代码的重复利用率。像 input( )、print( )等这些函数是 Python 工程师已经编写好了，为我们直接使用。但我们也可根据需要自己编写函数，称为自定义函数。本节介绍怎样自己编写函数的相关知识。（注：本章有的地方涉及列表、字典、元组等数据类型概念，理解有困难时可参考第 5 章数据结构相关内容）

4.1　函数的创建与调用

4.1.1　自定义函数的语法

```
def functionname(parameterlist):
    ['''函数说明''']
    [函数体]
```

functionname：函数名，任何有效的 Python 标识符。

parameterlist：参数列表，如果有多个参数，参数之间用“,”隔开，也可以没有参数。

函数说明：对函数的描述，可以不写。

函数体：函数被调用时执行的功能代码，由一条或多条个语句组成。如果你只希望定义一个空函数，可以使用 pass 语句占位。

注意：函数说明与函数体需要有一定的缩进量，且具有相同的缩进量，否则会引发“invalid syntax”异常。

例子：定义一个对变量加 4 的函数。

```
def add(x):
    '''这个函数的功能是对变量 x 加 4'''
    x=x+4
    return x
```

在这里，def 是定义函数的关键字，凡是在定义函数的地方都需要书写，add 是函数的名称，x 是参数，语句 return x 的作用是返回 x 的值。但是，这段代码是不会被计算机执行的，因为这里只是定义而已，相当于我们只是制造了一个具有适当功能的工具，这个工具是否发挥作用，还需要像前面调用内建函数一样进行调用，函数才会被执行。

4.1.2　函数的调用

函数的调用很简单，使用“functionname(parameterlist)”即可。parameterlist 要与定义函数时一致。如果函数有返回值，需要使用形如“value = functionname(parameterlist)”接收函数的返回值。例如，我们调用上面创建的函数，就可以使用下面的代码调用：

```
y = add(5)
```

当计算机执行完这条语句后，y 的值为 9。

例子：创建一个函数，函数的功能为：判断两个数是否具有倍数关系。

```
01 def isMultiple(x,y):                    #定义函数
02     if x % y ==0 or y % x ==0:
03         print('yes')
04     else:
05         print('no')
06 isMultiple(3,6)                         #调用函数
07 isMultiple(2,5)                         #调用函数
```

注意：在函数被调用之前，必须已定义。如果把 06、07 行放到 01 行的前面就会引发“NameError: name 'isMultiple' is not defined r”异常，表示 isMultiple 没有被定义。

4.2　函数参数

4.2.1　形式参数与实际参数

在函数定义时，小括号里面的参数叫作形式参数。在调用函数时，小括号里面的参数叫作实际参数。形式参数只是一个标记，没有具体的值，只有当函数被调用时，通过实际参数赋值给形式参数，这时形式参数才有具体的值。

实际参数与形式参数之间是怎样传递值的呢？Python 中有两种传递值的方式。请先测试下面的例子。

例 1：

```
def add(x,y):
```

```
    x += 1
    y += 2
    print(x,y)                          #改变 x,y 的值后，显示 x,y 的值
x = 2
y = 3
print(x,y)                              #显示 x,y 的值
add(x,y)                                #调用函数，
print(x,y)                              #显示 x,y 的值
```

输出：

```
2 3
3 5
2 3
```

可以看出，调用函数后，尽管在函数中对形式参数 x,y 的值进行了修改，但是函数外面的 x,y 的值并没有被改变。这个例子说明了：尽管形式参数的名称与全局变量的名称相同，但它们并不是同一个对象。

例 2：

```
def add(a,b):
    a[0] += 1
    b[0] += 2
    print(a[0],b[0])
x = [2]                   #x 为列表，元素为 2，关于列表的知识参见第五章
y = [3]
print(x[0],y[0])          #显示 x,y 的第一个元素的值
add(x,y)                  #调用函数
print(x[0],y[0])          #显示 x,y 的第一个元素的值
```

输出：

```
2 3
3 5
3 5
```

可以看出，调用函数后，在函数中对形式参数的值进行修改的同时也修改了实际参数的值。像例 1 中那样，修改形式参数的值并不影响实际参数的值，这种传递值的方式称为值传递。像例 2 中那样，修改形式参数的值也影响实际参数的值，这种传递值的方式称为引用传递。那么，什么情况进行值传递，什么情况进行引用传递呢？答案是：由 Python 根据实际参数的类型自动确定，我们是不能改变这种传递方式的。Python 规定：把像数字、字符串、元组等不可变类型数据作为实际参数时按照值传递方式进行，把像列表、字典等可变类型数据作为实际参数时按照引用传递方式进行。

4.2.2　形式参数的类型

在函数定义时，参数列表中的参数可能有以下几种形式：

functionname(parameter1, parameter2='default',*agrs, parameter3,**kwargs)，为方便后面的说明，把这个式子称为“范式”。

1. 位置参数

位置参数也叫必选参数，是指在调用函数时必须传值的参数。这种参数在函数定义时只有名字且位置在其他参数类型的前面，如“范式”中的 parameter1。

2. 默认参数

默认参数是指，在函数定义时设置了默认值的参数，在调用函数时可以传值也可以不传值，如“范式”中的 parameter2，位置必须在位置参数的后面，关键字参数的前面。建议默认值的类型为不可变类型。

3. 可变参数

可变参数是用于接收那些除位置参数、默认参数以外的无名字的实际参数的值，个数可以是 0 个或多个，定义时需在参数名前加上*号，如“范式”中的*agrs。如果有位置参数或默认参数的话，可变参数必须写在他们的后面。

4. 命名关键字参数

命名关键字参数是指在调用函数时，实际参数必须以“参数名=值”的形式进行调用的参数。在函数定义时有两种方式可以指明参数是命名关键字参数。

（1）在*后面的非关键字参数，如 add(a,b,*,c,d)中的 c,d。（这里的*不是参数，只表示后面的 c,d 是命名关键字参数）

（2）在可变参数后面的非关键字参数，如“范式”中的 parameter3。

5. 关键字参数

关键字参数与可变参数类似，是用于接收那些除命名关键字参数以外的“键=值”形式的实际参数的值。个数可以是 0 个或多个，定义时需在参数名称前用**号，如“范式”中的**kwargs。关键字参数必须写在其他所有类型参数的后面。

注意：在函数定义时，这 5 种参数可以部分或全部使用，但顺序必须是：位置参数>默认参数>可变参数>命名关键字参数>关键字参数。

为了更好地理解这些参数类型的意义，下面以实例解释实际参数与形式参数的匹配顺序。

说明：

（1）调用函数时，实际参数只有两种形式，一是具体的值，二是“变量=值”的形式（如果实际参数中有*和**时，*会首先被“解包”为具体的值，**会首先被“解包”为“变量=值”的形式）。例如：

```
tup = (2,3,4)
dict ={'k2':2, 'k3':3}
fun(1,*tup)                        #等价于 fun(1,2,3,4)
fun(k1=1,**dict)                   #等价于 fun(k1=1,k2=2,k3=3)
```

（2）调用函数时，实际参数必须的顺序是：“变量=值”形式的参数在后面。例子：

```
def test(arg1,arg2=3,*args,arg3,**kwargs):
    print('位置参数的值：',arg1)
    print('默认参数的值：',arg2)
    print('命名关键参数的值：',arg3)
    print('可变参数的值：', args)
    print('关键字参数的值：', kwargs)
test(1,2,3,4,5,6,7,k1=1,k2=2,arg3=8)
```

输出：

位置参数的值：1

默认参数的值：2

命名关键参数的值：8

可变参数的值：(3 ,4, 5, 6, 7)

关键字参数的值：{k1 : 1，k2 : 2}

解释：首先按由前向后的顺序把具体值匹配给位置参数和默认参数，1 与 arg1 匹配，2 与 arg2 匹配，3,4,5,6,7 打包成元组匹配给 args；然后匹配命名关键字参数，8 匹配给 arg3；最后把其余的“键=值”k1=2、k2=2 打包成字典匹配给关键字参数 kwargs。

```
test(1,k1=1,k2=2,arg3=8)
```

输出：

位置参数的值：1

默认参数的值：3

命名关键参数的值：8

可变参数的值：( )

关键字参数的值：{k1 : 1,k2 : 2}

解释：首先按由前向后的顺序，把具体值匹配给位置参数和默认参数，1 与 arg1 匹配，由于具体值只有 1 个，所以 arg2 使用默认值 3，args 为空；然后匹配命名关键字参数，8 匹配给 arg3；最后把其余的“键=值”k1=2、k2=2 打包成字典匹配给关键字参数 kwargs。

请你再编写一些测试用例自行测试。

4.3　return 语句

在函数体中使用 return 语句，可以使函数向调用语句返回值。语法格式如下：

```
return value
```

value：返回值，可以是 1 个或多个用逗号（,）隔开的值。

例子：

```
def func_test(a,b):
    c=a+b
    d=a*b
    e=a/b
    f=a-b
    return c,d,e,f
```

说明：

（1）在函数体中可以有多个 return 语句。

（2）无论 return 语句在哪个位置，只要当程序执行 return 语句后，将结束函数体中后面代码的执行，释放函数中定义的所有变量，退出函数。

（3）当返回值为多个用逗号（,）隔开的值时，Python 会把这些值先包装成元组再返回，本质上还是返回一个值。

（4）当函数体中没有 return 语句时，默认返回 None。

4.4　递归函数

如果一个函数在内部又调用函数自己，这个函数就叫作递归函数。例子：

```
def func(n):
    if n==1:
        return 1
    else:
        return n*func(n-1)
```

这个函数的功能是求 n!（n 的阶乘）。我们以计算 4!为例分析程序的执行逻辑。

```
func(4)                    # 第 1 次调用自己
4 * func(3)                # 第 2 次调用自己
4* (3 * unc(2))            # 第 3 次调用自己
4 * (3 * (2 * func(1)))    # 第 4 次调用自己，由于 n 等于 1，结束递归
```

从规模上看，每递归一次相比上次递归都应有所减少，直到满足某个条件时就结束递归调用。在本例中，n 等于 1 就是结束递归的条件。如果一个递归函数中没有结束递归的条件，递归过程将一直继续下去，类似于死循环。

递归函数的优点是定义简单，逻辑清晰，非常适合解决具有递推关系的问题；缺点是占用资源较多，且 Python 默认递归的最大深度为 979，如果一个问题可能需要不止 979 层才能完成的话，那就可以考虑使用循环实现。理论上，所有的递归函数都可以写成循环的方式，但循环的逻辑不如递归清晰。例子，把计算 n!改用循环实现。

```
m =1
i = 1
while i<=n:
    m *= i
    i += 1
```

4.5 匿名函数

匿名函数就是没有名字的函数，使用关键字 lambda 定义，语法格式如下：

```
result  =  lambda arg1,arg2,……：expression
```

arg1,arg2,……叫作参数，都可以省略；expression，实现函数具体功能的表达式，且只有一个表达式，不能省略，表达式的值就是匿名函数的返回值。

调用方法：

```
result(arg1,arg2,……)
```

例子：

```
>>>h=lambda a,b,c:a*b*c                #定义匿名函数
>>>h(2,3,4)                            #调用匿名函数
```

尽管匿名函数具有代码简捷、易读的优点，但是毕竟只有一个表达式，只能实现有限的功能。其实，匿名函数的主要用途是作为回调函数使用，已超出本书范围，不举例说明。

4.6　变量的作用域

Python 中，所有的变量名会都按照定义时的位置被保存在不同的区域中，这些区域叫作命名空间或者作用域。作用域分为 4 种类型：局部作用域（Local）、嵌套作用域（Enclosing）、全局作用域（Global）、内置作用域（Built-in）。这 4 种作用域简称 LEGB。本节我们重点介绍局部作用域和全局作用域。

在运行函数时，函数体中定义的所有变量将构成一个局部作用域，模块（一个 py 文件）中已经执行的赋值语句，将构成一个全局作用域。

在访问变量时，搜索路径遵循 LEGB 顺序。这里的 LEGB 顺序是指从当前所处区域开始依次搜索当前区域、上一级区域、……，级别的优先级从高到低依次为 L、E、G、B。比如当前级别为 L，则搜索顺序为 L、E、G、B；如果当前级别为 E，则搜索顺序为 E、G、B。一旦在某个作用域搜索到了变量则停止搜索，如果一直没有搜索到变量则引发“NameError”异常。

4.6.1　局部变量

局部作用域中的变量叫作局部变量，在函数内部定义的变量都是局部变量，只在函数内部有效，在函数运行之前或在函数运行之后，这些变量都是不存在的。每个函数具有自己的作用域，因此，即使两个函数中存在名字相同的变量，也不是同一个变量。

例子：访问函数内部的变量。

```
def fun_test():
    l_name = '局部变量范例'
    print(l_name)
fun_test()
print(l_name)
```

图 4.1 所示为局部变量范例。

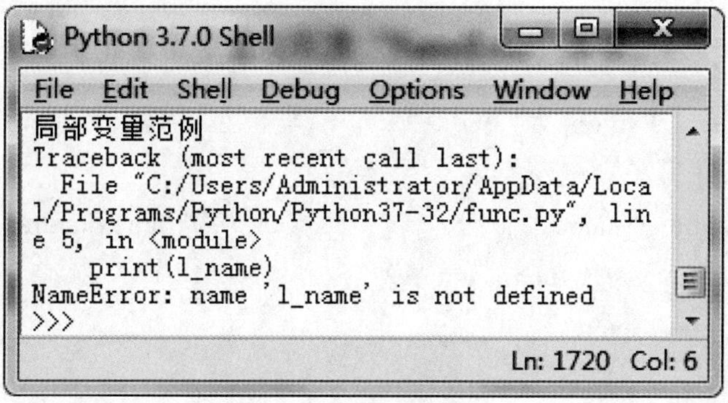

图 4.1　局部变量范例

4.6.2 全局变量

全局作用域中的变量叫作全局变量。在函数外定义的变量是全局变量，在函数内也可以访问全局变量。

例子：访问全局变量。

```
g_name = '全局变量范例'
def fun_test():
    print(g_name)
fun_test()
print(g_name)
```

输出：

全局变量范例

全局变量范例

下面列举几个需要注意的例子，并总结经验。

1. 局部变量与全局变量同名

```
book_name = 'Python 入门与实战'
def fun_test():
    book_name = 'Python 教学系列'
    print(book_name)
fun_test()
print(book_name)
```

输出：

Python 教学系列

Python 入门与实战

结论：当局部变量与全局变量同名时，按照 LEGB 规则，在函数内首先搜索到局部作用域里的变量，在函数外部首先搜索到全局作用域里的变量。

2. 在函数中修改全局变量

```
book_name = 'Python 入门与实战'
def fun_test():
    global book_name                    #声明 book_name 为全局变量
    book_name = 'Python 教学系列'
    print(book_name)
fun_test()
print(book_name)
```

输出：

Python 教学系列

Python 教学系列

结论：如果需要在函数中修改全局变量，须使用 global 关键字声明。

3. 先访问局部变量，后定义局部变量

```
01 book_name = 'Python 入门与实战'
02 def fun_test():
03     print(book_name)
04     book_name = 'Python 教学系列'
05 fun_test()
```

运行错误如图 4.2 所示。

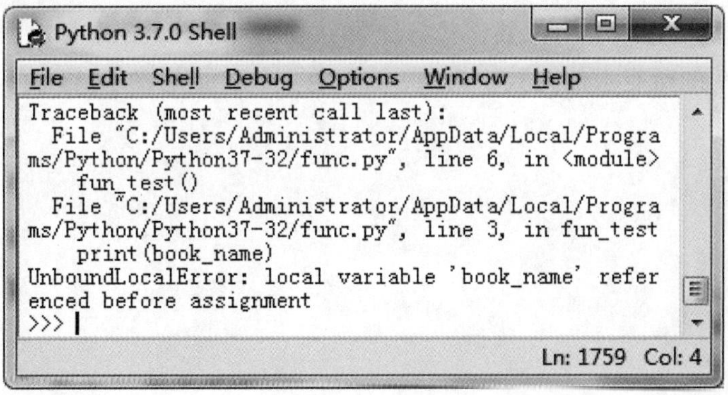

图 4.2　运行错误

为什么不是输出“Python 入门与实战”或“NameError”异常，而是“UnboundLocalError”异常？这是因为模块中的代码在执行之前，并不会经过预编译，但是函数体中的代码在运行前会经过预编译。换句话说，就是在函数被执行之前，Python 解释器就已经知道了函数中有哪些局部变量。所以在执行 03 语句时，Python 解释器知道 book_name 是局部变量，但并未赋值，就引发了该异常（在引用前需要先赋值）。

本章小结

本章全面介绍了 Python 自定义函数的基础知识，包括函数的创建、调用、参数的类型、返回值、变量的作用域等。这些技术涉及许多细节，如值传递和引用传递、传递参数的顺序，不注意这些细节，尽管可以编写出没有语法错误的程序，但是会出现得不到预期结果的逻辑错误，建议在编写函数时自己多设计一些测试用例，测试函数

的健壮性，逐步养成良好的编程习惯。对于递归函数，由于 Python 对递归函数的一些限制，重点是理解它的思想，在具体使用时一定要对规模进行预测评估。匿名函数在入门阶段了解即可。

练习题

1. 自定义一个无参函数，打印‘I am a student’。
2. 自定义一个有参函数，计算 x^2+y^2。
3. 编写递归函数，计算 1+2+3+4+……+n。
4. 编写一个函数，计算 n 个数的最大值。
5. 自定义一个函数，已知圆的半径求圆的面积。
6. 水仙花数是指一个三位数，其各位数字立方和等于该数本身的数，请编写程序打印出[100,999]的所有水仙花数。例如，153 是一个水仙花数，$153=1^3+5^3+3^3$。

第5章　数据结构

在实际工作中，我们往往需要处理具有一种或多种关系的一组数据，如一个班级的学生成绩、某一时间段内天网摄像头拍摄的图像数据。在计算机科学中，把这些具有一种或多种关系的数据元素集合称为数据结构。可以把数据结构简单理解为存储数据的容器。Python 内置多种数据结构，在本章我们介绍 4 种基本数据结构：列表、元组、字典、集合。

5.1　索引与切片

5.1.1　索　引

在操场上列队时，所有同学组成了一个有顺序的队列，经过报数，每个同学都有一个不同的数字，通过这个数字可以找到相应同学。在 Python 中，把这个队列称为序列，编号称为索引或下标。Python 提供两种索引方式，如图 5.1 所示。

0	1	2	……	*n*

（a）正数索引，从 0 开始递增

−*n*	……	−3	−2	−1

（b）负数索引，从-1 开始递减

图 5.1　索引方式

注意：当采用负数索引时，是从-1 开始，而不是从 0 开始。

当访问一个元素时，既可以用正数索引，也可以用负数索引。

5.1.2　切片（分片）

使用索引可以访问序列中单个元素，但有时需要访问序列中指定范围内的元素，即序列的子序列。Python 定义了一个称为切片的操作符[　:　:　]来得到子序列。

语法格式：

```
[ start_index：end_index：step]
```

表示从 start_index 索引对应的元素开始，每隔 step 个元素取出来一个，直到取到 end_index 对应的元素结束，但不包括 end_index 索引位置上的元素。

start_index 表示起始位置，end_index 表示终止位置，step 表示步长。

实践：在 IDLE 的交互模式下输入下列语句，观察结果并总结。

```
>>>li = [1,2,3,4,5,6,7,8,9]
>>>li[::]
>>>li[0:5]
>>>li[0:8:]
>>>li[3::2]
>>>li[-1:-5:-1]
>>>li[:3:-1]
```

我们可以总结出：

（1）start_index、end_index、step 任何一个都可以省略，step 的默认值为 1。

（2）step 可以取正整数、负整数，但不能等于 0，step 为正整数时表示从左向右截取，step 为负整数时表示从右向左截取。

（3）当 step 为正整数时，start_index 的默认值为 0，end_index 的默认值为最后 1 个元素的索引；当 step 为负整数时，start_index 的默认值为-1，end_index 的默认值为第 1 个元素的索引。

（4）每个元素都有两个索引，一个是从左向右的依次编号（从 0 开始），一个是从右向左的依次编号（从-1 开始）。

5.2　列表（list）

列表与我们在操场上列队时类似，是由一系列按一定顺序排列的元素组成。只要用逗号把各个数据项使用方括号“[ ]”括起来就创建了一个列表。如：

```
ages = [13,14,16,13,15]
names = ['李晓', '张慧', '王姗姗']
students = ['lixiao',14, 'zhanghui',15]
```

Python 中列表与其他编程语言的数组非常类似，使用非常灵活。

5.2.1　列表的创建

Python 中可以有多种方法创建列表，下面分别介绍。

1. 使用赋值语句直接创建

语法格式如下：

```
listname = [element1，element2，……]
```

其中，listname 表示列表名，element1，element2 表示列表的元素。listname 可以是任何符合 Python 命名规则的变量名。列表中的元素可以是不同的数据类型，也可以是列表等 Pytthon 支持的其他数据类型，元素的个数没有限制。

例子：

```
school_name = ['贵阳一中', '铜仁一中', '凯里一中', '思南中学', '德江一中']
student_score = ['语文',90, '数学',80, '英语',97]
family_ member = [ '父亲',[ '王进',45], '母亲',[ '张霞',43], '哥哥',[ '王小宝',16]]
```

2. 创建空列表

创建空列表非常简单，直接使用下面的代码：

```
listname = [ ] 或 listname = list()
```

3. 使用 list( )函数创建

语法格式如下：

```
listname = list(data)
```

data 表示可以转换为列表的对象，如 range 对象、字符串等其他任何可迭代对象。

例子：

```
age = lsit(range(1,5))
```

将创建[1,2,3,4]列表。

```
name = "xiaofang"
names = list(name)
```

将创建['x', 'i', 'a', 'o', 'f', 'a', 'n', 'g']列表。

4. 列表推导式

使用推导式可以快速生成一个列表，是一种运用较多而又非常重要的功能，同时也是最受欢迎的 Python 特性之一。

基本语法格式如下：

```
[表达式 for 变量 in 迭代对象]  或者  [表达式 for 变量 in 迭代对象 if 条件]
```

例子：

```
age = [ i for i in range(1,120)]
```

将创建一个列表，里面的元素分别为 1，2，3，...119，注意不包括 120。

```
age = [ i for i in range(1,120)   if   i%2==0 ]
```

将创建一个 1 ~ 120 的偶数列表，注意不包括 120。

说明：在使用列表推导式创建列表时，执行完推导式语句后，将在内存中立即生成列表，如果元素个数很多，会占用大量内存空间，建议使用生成器表达式。

5.2.2 列表的访问

1. 访问单个元素

Python 中列表是一种序列，元素是有顺序的，都拥有自己的编号，通常情况我们是通过索引对元素进行访问。

如 li = [1,1,2,3,5,8], li[0]将访问列表中第 1 个元素, li[3]将访问列表中第 4 个元素, li[-2]将访问列表中倒数第 2 个元素。

2. 遍历列表

遍历是计算机科学中的一种重要运算，是指依照某种顺序对所有元素做一次且仅做一次访问。比如需要找出班级里身高最高的同学，就需要测量每个同学的身高。测量身高的过程就相当于对列表进行遍历。下面介绍 3 种遍历列表的方法。

（1）使用 for 循环实现。

语法格式：

```
for item in listname:    #输出 item
```

其中，item 用于保存依次从列表中获取到的元素的值，listname 列表名。

例子：定义编程语言列表 program_language = ['java', 'c', 'c++', 'Python', 'c#']，通过 for 循环遍历，输出各种编程语言的名称，代码如下：

```
program_language = [ 'java', 'c', 'c++', 'Python', 'c#']
for pname in program_language:
    print(pname)
```

程序运行后，将得到如图 5.2 所示的结果。

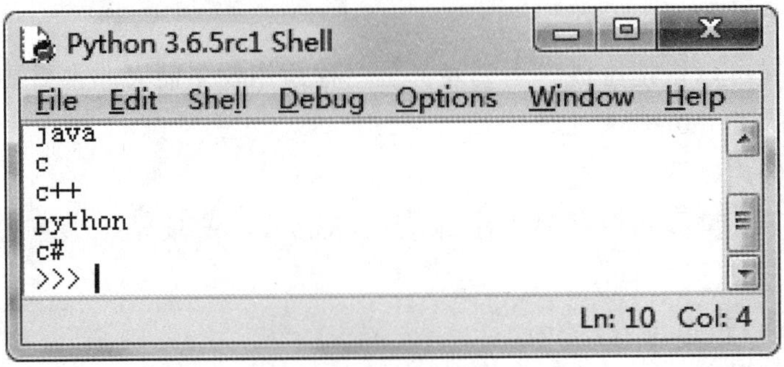

图 5.2 运行结果

（2）使用 for 循环和索引实现。

把上面的代码修改为：

```
program_language = [ 'java', 'c', 'c++', 'Python', 'c#']
for   i   in range(len(program_language)):
    print(program_language[i])
```

程序运行结果如图 5.2 所示。

（3）使用 for 循环和 enumerate()函数实现。

把上面的代码修改为：

```
program_language = [ 'java', 'c', 'c++', 'Python', 'c#']
for index,item in enumerate(program_language):
    print(index,item)
```

程序运行后，将得到如图 5.3 所示的结果。

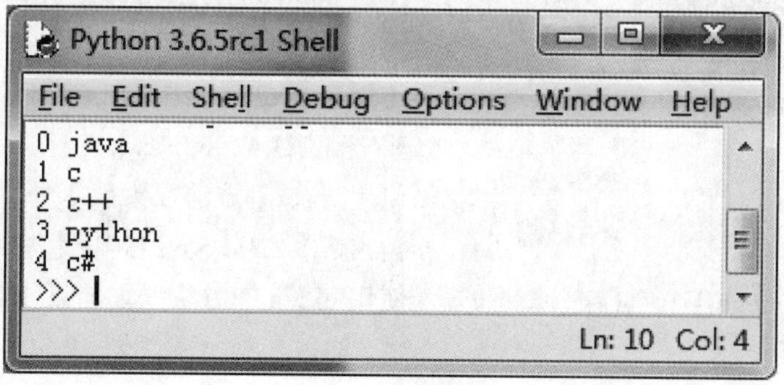

图 5.3　运行结果

可以看出，使用 enumerate()函数可以同时获得列表元素的索引和值。

3. 获得子列表

获得子列表的简单方法就是使用切片，在 IDLE 的交互模式下运行以下代码：

```
>>>li = [1,2,3,4,5,6]
>>>li[0]
>>>1
>>>li[0:1]
>>>[1]
```

你能总结出 li[0]与 li[0:1]的区别吗？

5.2.3　对列表元素增加、删除、修改操作

对数据对象进行增、删、改、查是计算机科学中的基本操作。在实际开发过程中，很大一部分都是基于增、删、改、查操作。

1. 增加元素

列表对象提供了3种增加元素的方法，分别是append( )方法、insert( )方法、extend( )方法，如表5.1所示。注意，这3种方法是列表对象提供的方法，不是内置函数。

表5.1 增加元素的方法

方法名称	语法	描述
append	listname.append(obj)	向listname的末尾增加obj元素
insert	listname.insert(index,obj)	向listname的index位置插入obj元素
extend	listname.extend(obj)	将obj列表中的元素增加到listname中

实践：在IDLE的交互模式下执行下列代码，体会3种方法的异同。

```
>>>num = [1,2,3,4,5]              #创建列表 num
>>>num.append(6)                  #使用 append()方法增加元素 6
>>>num                            #输出[1,2,3,4,5,6]
>>>num.append([7,8])              #使用 append()方法增加元素[7,8]
>>>num                            #输出[1,2,3,4,5,6,[7,8]]
>>>num.insert(1,9)                #使用 insert()方法在索引 1 处增加元素 9
>>>num                            #输出[1,m2,3,4,5,6,[7,8]]
>>>num.extend([10,11])            #使用 extend()方法增加元素 10,11
>>>num                            #输出[1,9,2,3,4,5,6,[7,8],10,11]
```

我们可以总结出：

（1）append(obj)方法总是把obj对象作为一个元素，追加到列表的末尾。

（2）使用insert( )方法可以在不同位置插入元素。

（3）extend( )方法是先把obj当作序列，枚举出每个元素，然后再追加到列表的末尾。

2. 删除元素

需要删除列表中的元素时，可以使用内置语句del或列表对象的remove( )方法、pop( )方法。

del语句、pop( )方法是根据元素的索引进行删除，remove( )方法是根据元素值进行删除，且只删除第一个满足条件的元素。

例子：

```
>>>tea = ['都匀毛尖', '湄潭翠芽', '正安白茶', '石阡苔茶', '梵净山翠峰茶']
>>>del tea[1]                     #根据索引删除'湄潭翠芽'
>>>tea.remove('都匀毛尖')          #根据值删除'都匀毛尖'
>>>tea.pop(0)                     #根据索引删除'正安白茶'
```

说明：列表对象的 clear( )方法将清除所有元素。

3. 修改元素

修改元素只需要通过索引获取相应元素，然后重新赋值即可。例如：在上例中需要将'梵净山翠峰茶'改为'雷公山银球茶'，则修改的代码为：tea[4] = '雷公山银球茶'。

5.2.4　列表对象的常用方法

表 5.2　列表对象的常用方法

方法名称	语法	描述
count	listname.count(obj)	返回元素 obj 在列表中出现的次数
index	listname.index(obj)	返回元素 obj 在列表中首次出现的索引
sort	listname.sort(Key=None, reverse=False)	对列表排序
reverse	listname.reverse（ ）	将列表翻转

知识拓展：Python 中一切皆为对象，几乎所有对象都有成员属性、方法属性，访问对象的成员和方法统一使用“对象. 成员”或“对象.方法”格式，关于类和对象的详尽知识将在第 6 章阐述。

5.2.5　排序与查找算法

有一个猜数游戏：甲先想好一个小于 1000 的自然数，乙的任务是猜出这个数。乙每猜一个数，甲会说“大了”“小了”或“正确”。如果你是乙，你能保证在十次之内猜中吗？

将一组数据按从小到大（或从大到小）的顺序排列就称为排序，实现排序的方法就称为排序算法。虽然 Python 已经为我们提供了 sort( )方法用于排序，但是排序方法是如何工作的呢？下面介绍几种经典的排序算法和二分查找法。

假设列表 li = [33,11,23,67,46,2]，现要求将列表变为 li = [2,11,23,33,46,67]。

1. 冒泡排序

算法分析：依次比较相邻的两个数，将小数放在前面，大数放在后面。

第一趟：首先比较第 1 个和第 2 个数，将小数放前，大数放后。然后比较第 2 个数和第 3 个数，将小数放前，大数放后，以此类推，直到比较最后两个数，将小数放前，大数放后。最后一个数为最大数。

第二趟：首先比较第 1 个和第 2 个数，将小数放前，大数放后。然后比较第 2 个数和第 3 个数，将小数放前，大数放后，以此类推，直到比较除最后一个数外的两个数，将小数放前，大数放后。

重复以上过程，直到最后一趟只比较第 1 个和第 2 个数时为止。

实现代码：

```
def  bubble_sort(li):
    """冒泡排序算法"""
    n=len(li)-1
    for i in range(n):
        for j in range(n-i):
            if  li[j] > li[j+1]:
                li[j] , li[j+1] = li[j+1] , li[j]          #交换两个数
li = [33,11,23,67,46,2]
bubble_sort(li)
print(li)
```

第一趟结果：li = [11,23,33,46,2,67]

第二趟结果：li = [11,23,33,2,46,67]

第三趟结果：li = [11,23,2,33,46,67]

第四趟结果：li = [11,2,23,33,46,67]

第五趟结果：li = [2,11,23,33,46,67]

2. 选择排序

算法分析：首先比较第 1 个和第 2 个数，将小数放前，大数放后，然后比较第 1 个数和第 3 个数，将小数放前，大数放后，如此继续，直至比较第 1 个数和最后 1 个数为止。得到最小的一个元素，存放在第一个位置。然后用第 2 个数与后面的所有数比较，得到第二小的元素，存放到第二个位置，重复这个步骤，直到全部待排序的数据元素排完。即第一趟找到最小（最大）元素放到第 1 个位置，第二趟找到第二小（大）的元素放到第 2 个位置，……

实现代码：

```
def  select_sort(li):
    """选择排序算法"""
    n=len(li)
    for i in range(n):
        for j in range(i+1, n):
            if li [i] > li[j]:
                li[i] , li[j] = li[j] , li[i]
li = [33,11,23,67,46,2]
```

```
select _sort(li)
print(li)
```

第一趟结果：li = [2,33,23,46,67,11]

第二趟结果：li = [2,11,23,46,67,33]

第三趟结果：li = [2,11,23,46,67,33]

第四趟结果：li = [2,11,23,33,67,46]

第五趟结果：li = [2,11,23,33,46,67]

在每次比较时，如果前面的数大于后面的数，则交换，我们可以修改为不交换，只记录位置，待一趟比较完成后，再交换，这样每一趟只交换 1 次，可以缩短运行时间，请你试试怎样修改代码？

3. 插入排序

算法分析：第一趟比较第 2 个元素和第 1 个元素，将小数放前，大数放后；第二趟比较第 3 个元素和第 2 元素，将小数放前，大数放后，再比较第 2 个元素和第 1 元素，将小数放前，大数放后；第三趟比较第 4 个元素和第 3 个元素，将小数放前，大数放后，再比较第 3 个元素和第 2 元素，将小数放前，大数放后，再比较第 2 个元素和第 1 元素，将小数放前，大数放后。

在比较时，如果后一元素不小于前一元素，则本趟结束。

如此继续，直到全部待排序的数据元素排完。

实现代码：

```
def insert_sort(li):
    """插入排序算法"""
    n = len(li)
    for i in range(1,n):
        for j in range(i, 0, -1):
            if   li[j] < li[j-1]:                      #如果后一个数小于前一个数
                li[j],li[j-1] =   li[j-1],li[j]         #交换
            else:                                       #否则本趟结束
                break
li = [33,11,23,67,46,2]
insertt _sort(li)
print(li)
```

第一趟结果：li = [11,33,23,46,67,2]

第二趟结果：li = [11,23,33,46,67,2]

第三趟结果：li = [11,23,33,46,67,2]

第四趟结果：li = [11,23,33,46,67,2]

第五趟结果：li = [2,11,23,33,46,67]

4. 快速排序

算法分析：以第 1 个元素为比较对象，把后面凡是比第 1 个元素大的排在右边，凡是比第 1 个元素小的排在左边，然后分别对左边和右边进行递归排序。

第一轮：首先从最后 1 个元素开始依次与第 1 个元素比较，如果找到了比第 1 个元素小的时候就停下来（假设此时位置为 j），然后从前面第 1 个元素开始依次与第 1 个元素比较，如果找到了比第 1 个元素大的时候就停下来（假设此时位置为 i），交换位置 i 和位置 j 的 2 个元素，接下来从位置 j 开始依次与第 1 个元素比较，如果找到了比第 1 个元素小的时候又停下来，然后从位置 i 开始依次与第 1 个元素比较，如果找到了比第 1 个元素大的时候又停下来，再次交换，如此继续，直到 i 和 j 相等时，把第 1 个元素与第 i（或 j）个元素交换。

第二轮：按照第一轮的方法，分别把左边和右边进行排序，直到全部排完为止。

实现代码：

```
def quick_sort(li,low,hight):
    """快速排序算法"""
    if  low >=  hight:
        return
    i = low
    j = hight
    while i<j:
        while i<j and li[j] >= li[low]:
            j-=1
        while i<j and li[i] <= li[low]:
            i+=1
        li[i],li[j] = li[j],li[i]
    li[low],li[i] = li[i],li[low]
    quick_sort(li,low,i-1)
    quick_sort(li,i+1,hight)
li = [33,11,23,67,46,2]
quick _sort(li,0,len(li)-1)
print(li)
```

第一轮结果：li = [2,11,22,33,46,67]

第二轮结果：li = [2,11,22,33,46,67]

快速排序的思想是将原问题划分成几个小问题，然后递归地解决这些小问题，最后综合它们的解得到问题的解，这就是分治思想。快速排序是最快的通用内部排序算法，有多种实现方法，但基本思想都是通过一趟比较后，这些数据被分成了 3 个部分，左边、中间（1 个数）、右边，中间这个数的位置已经确定。然后再递归对左边、右边进行排序。

我们可以得到这样的启发，如果是要求这些数按从小到大排序的话，那么第一趟结束后，就知道了中间这个数是第几小。

实践：有 n 个不同的正整数，请找出这些数中第 $k(1 \leqslant k \leqslant n)$小的数。换个说法：有 n 个不同的正整数，请找出这些数按从小到大排序后的第 k 个数$(1 \leqslant k \leqslant n)$。

5. 二分查找法

算法分析：二分查找也称折半查找，是一种效率较高的查找方法。但它仅适用于已经排好序的序列。其基本思路是：首先将给定值 K 先与序列中间位置元素比较，若相等，则查找结束；若不等，则根据 K 与中间元素的大小，确定是在前半部分还是后半部分中继续查找。这样逐渐缩小范围进行同样的查找。如此反复，直到找到（或查找范围的长度为 0）为止。

我们来模拟前面的猜数游戏，实现代码：

```
import random
total = 0
expr = ["甲得意地说：","甲做了个鬼脸说：","甲高高蹦了一下说："]
def search(li, k):
    """二分法查找"""
    global total
    total +=1
    mid = len(li) // 2
    if len(li) > 0:
        if k == li[mid]:
            print("乙猜的数：",li[mid],"甲低下头，小声说：猜中了")
            return True
        elif k < li[mid]:
            print("乙猜的数：",li[mid],expr[random.randrange(0, len(expr))]+"大了")
            return search(li[:mid], k)
        else:
            print("乙猜的数：",li[mid],expr[random.randrange(0, len(expr))]+"小了")
            return search(li[mid+1:], k)
    else:
        return False
li = [i for i in range(1,1000)]
```

```
answer = random.randrange(1, 1000)
print("甲想的数：",answer)
search(li,answer)
print("共：",total,"次")
```

5.2.6　动手实践

（1）现有列表 numlist=[3,2,14,18,88,34,76,9,10]，请计算列表的最大跨度值（最大跨度值 = 最大值-最小值）。

分析：要求列表的最大跨度值，必须先求出列表元素的最大值和最小值，因此必须遍历列表。对列表进行两次遍历，分别求出最大值和最小值。代码如下：

```
numlist = [3,2,14,18,88,34,76,9,10]
maxvalue = numlist[0]
minvalue = numlist[0]
for item in numlist:
    if item > maxvalue:
        maxvalue = item
for item in numlist:
    if item < minvalue:
        minvalue = item
span = maxvalue- minvalue
print(span)
```

在上面的代码中对列表进行了 2 次遍历，如果列表很长，消耗在遍历列表的时间也会很长，如果实际问题对运行时间有严格要求，我们需要设计出尽可能优雅的代码，下面是改进的代码：

```
numlist = [3,2,14,18,88,34,76,9,10]
maxvalue = numlist[0]
minvalue = numlist[0]
for item in numlist:
    if item > maxvalue:
        maxvalue = item
    if item < minvalue:
        minvalue = item
span = maxvalue- minvalue
print(span)
```

通过改进后，对列表只进行 1 次遍历即可得出最大值和最小值，从而大幅度地缩短了运行时间。仔细分析程序运行过程，我们可以对 07 行代码稍加修改还可以进一步缩短程序运行时间，你知道怎么修改吗？

实际上，Python 提供了 max()和 min()两个内置函数，可以直接求出列表元素的最大值和最小值，最后我们将代码修改为：

```
numlist = [3,2,14,18,88,34,76,9,10]
maxvalue = max(numlist)
minvalue = min(numlist)
span = maxvalue- minvalue
print(span)
```

Python3.x 提供了一些内置函数，这些函数是由 Python 工程师精心编写的，无论在速度上还是安全性上往往比我们自己设计要高效得多，在实际开发中，优先使用这些内置函数是一个明智的选择。

（2）陶陶摘苹果：陶陶家的院子里有一棵苹果树，每到秋天树上就会结出 10 个苹果。苹果成熟的时候，陶陶就会跑去摘苹果。陶陶有个 30 cm 高的板凳，当她不能直接用手摘到苹果的时候，就会踩到板凳上再试试。

现在已知 10 个苹果到地面的高度（100, 200, 150, 140, 129, 134, 167, 198, 200, 111）（以 cm 为单位），以及陶陶把手伸直的时候能够达到的最大高度为 110 cm，请帮陶陶算一下她能够摘到的苹果的数目。假设她碰到苹果，苹果就会掉下来。

分析：陶陶在摘苹果时首先会直接伸手去摘，如果不能直接用手摘到，她会踩到板凳上再尝试，如果还不能摘到就会放弃。根据这个思路，我们把苹果到地面的高度构建为列表，然后遍历列表，依次判断每个苹果的高度是否大于 110，如果是则判断是否大于 140。代码如下：

```
apple_highs = [100, 200, 150, 140, 129, 134, 167, 198, 200, 111]
total = 0
for high in apple_highs:
    if  high<=110:
        total+=1
    elif  high<=140:
        total+=1
print(total)
```

优化后的代码（请分析优化依据）：

```
apple_highs = [100, 200, 150, 140, 129, 134, 167, 198, 200, 111]
total = 0
for high in apple_highs:
    if  high<=140:
```

```
        total+=1
print(total)
```

在解决这个问题的过程中，采用的是将每个苹果的高度进行条件验证（判断是否小于或等于 140），符合条件的累加，不符合条件的舍弃，从而求解。我们把这种解决问题的方法称为枚举算法，即将问题的所有可能的答案一一列举，然后根据条件判断此答案是否合适，保留合适的，舍弃不合适的。

（3）删除单词后缀：从键盘不断读入单词，如果该单词以 er 或者 ly 后缀结尾，则删除该后缀，否则不进行任何操作，以“end”结束输入，最后输出所有单词。

分析：为了将所有输入的单词保存，需要创建一个容器，这里用列表实现。然后逐一读入，每读入一个单词，依次判断是否是结束标志“end”，是否以“er”或“ly”结尾，如果是则使用切片截取，动态增加到列表。最后遍历列表输出所有单词。

```
word_list = [ ]
word = input("请输入单词：")
while word!="end":
    if word.endswith("er") == True or word.endswith("ly") == True:
        word = word[:-2]
    word_list.append(word)
    word = input("请输入单词：")
for word in word_list:
    print(word,end=' ')
```

endswith( )方法是字符串对象的方法，用于判断字符串是否以指定后缀结尾，如果以指定后缀结尾返回 True，否则返回 False。

如果把条件修改为以 er 或者 ing 后缀结尾，要如何修改代码？

（4）最长平台：已知一个元素已经从小到大排序的列表，这个列表的一个平台（Plateau）就是连续的一串值相同的元素，并且这一串元素不能再延伸。例如，在 1，2，2，3，3，3，3，4，5，5，6 中 1，2-2，3-3-3-3，4，5-5，6 都是平台。试编写一个程序，接收一个列表，把这个列表最长的平台找出来。在上面的例子中 3-3-3-3 就是最长的平台。

输入样例：1,2,2,3,3,3,3,4,5,5,6

输出样例：4

分析：显然，该问题需要遍历列表，由于列表元素已经按从小到大排序，我们只需判断当前元素是否与前一元素相等，若相等，当前平台长度加 1，不相等，表明当前平台已经结束，计算出到目前为止最长平台的长度，然后把下一平台长度初始为 1。实现代码如下：

```
maxlen=1                                    #最大平台长度
curlen=1                                    #当前平台长度
```

```
pre=None
str = input("请输入一个用逗号分隔的字符串：")
li = str.split(",")                         #把字符串转化为列表
for num in li:
    if pre==num:
        curlen+=1
    else:
        maxlen = max(maxlen,curlen)
        curlen = 1
    pre = num
maxlen=max(maxlen,curlen)                   #如果只有 1 个平台
print(maxlen)
```

我们知道，选择排序的思想是，每一次从待排序的数据元素中选出最小（或最大）的一个元素，存放到序列的起始位置，直到全部排完，请试着比较本题的实现过程与选择排序的思想。

（5）生成列表：给定参数 n，生成顺序随机、值不重复的含有 n 个元素，值为 1 ~ n 的列表。

输入样例：6

输出样例：[5,3,1,4,6,2]

分析：先定义一个空列表，产生随机数，判断这个数是否在列表中，如果在列表中，重新产生，否则添加到列表，如此继续，直到列表元素个数等于 n。实现代码如下：

```
import random                               #导入产生随机数模块
li = list()
count = 0
n = int(input())
while count < n:
    tempint = random.randint(1,n)           #产生随机数
    if tempint not in li:
        li.append(tempint)
        count+=1
print(li)
```

实际上，使用 random.sample(range(1,n+1),n)可以直接产生满足要求的列表。Python 中由对象提供的方法已能完成很多功能，这是 Python 得以流行的一个重要原因。

5.3 元组（tuple）

元组与列表类似，也是由一系列按一定顺序排列的元素组成。只要用逗号把各个数据项使用圆括号“( )”括起来就创建了一个元组，如 tup = (1,2,3,4)。从形式上可以看出，元组与列表非常相似，元组使用圆括号包裹，列表使用方括号包裹，它们之间的主要区别是：元组为不可变类型，列表为可变类型。

5.3.1 可变类型与不可变类型

当我们用铅笔在纸上写字时，如果写错了还可以擦掉重写，但用钢笔在纸上写字时，如果写错了就不能擦掉重写。这是可变与不可变的简单比喻。Python 中可变是指序列中的元素是可以改变的，不可变是指序列中的元素是不可以改变的。

实践，在 IDLE 的交互模式下执行下列代码：

```
>>>li = [1,2,3,4]
>>>li[1] = 3
>>>li
>>>tup = (1,2,3,4)
>>tup[1] = 3
```

图 5.4 所示的错误提示信息为：元组对象不支持对元素赋值。在 Python 的基础数据类型中，数值、字符串、元组和不可变集合都是不可变类型，列表、字典和可变集合是可变类型。

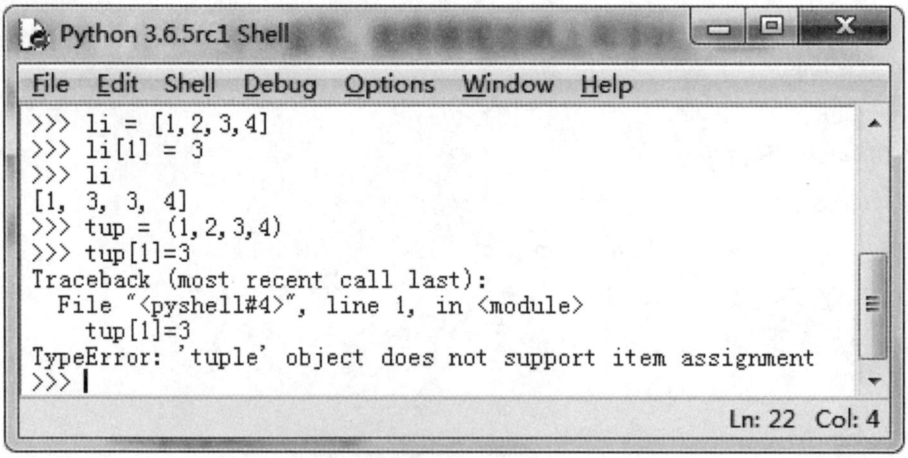

图 5.4 错误提示信息

再如：字符串 str = "abcdefg"，由于字符串是不可变类型，所以不能通过 str[0] = 'h' 来修改字符串的内容。

5.3.2 元组的创建

Python 中可以有多种方法创建元组，下面分别介绍。

1. 使用赋值语句直接创建

语法格式如下：

```
tuplename = (element1, element2, ……)
```

其中，tuplename 表示元组名；element1，element2 表示元组的元素。tuplename 可以是任何符合 Python 命名规则的变量名。元组中的元素可以是不同的数据类型，也可以是元组等 Pytthon 支持的其他数据类型，元素的个数没有限制。

例如：

```
age = (1,15,23,90,45)
street = ("陕西路",150, "延安路",85, "中华北路",30)
region = ('东北',( '黑龙江', '吉林', '辽宁'), '华东',[ '山东', '江苏', '安徽', '浙江', '福建', '上海'])
```

与列表不同的是，元组中的小括号并不是必需的。只要把一组数据用逗号“,”隔开，Pyrhon 会自动识别为元组。例如：fruits = '苹果', '香蕉', '橘子', '西瓜', '葡萄'是合法的。

如果元组只有 1 个元素，在创建时需要在后面加上 1 个“,”，例如：book = ('语文',)。

这是因为 ( ) 具有表示改变运算顺序的含义，如果没有“,”，Python 会将('语文')解释为字符串。

说明：在变量声明时不需要指定数据类型，同一个变量在不同时刻可以指向不同的数据类型，可以使用内置函数 type( )判断变量的类型，如图 5.5 所示。

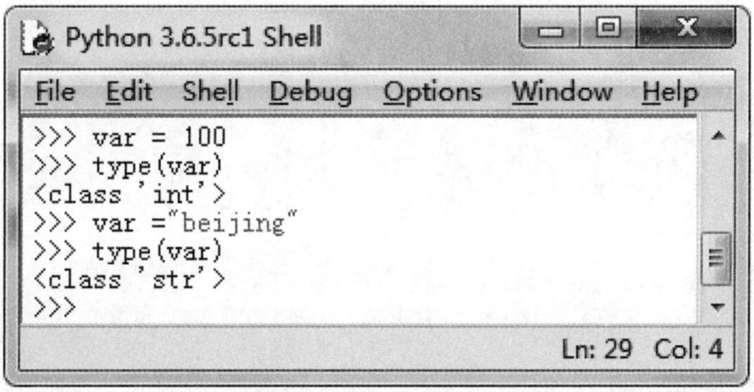

图 5.5 测试变量的类型

2. 创建空元组

创建空元组，直接使用代码 tuplename = () 或 tuplename = tuple()即可。

3. 使用 tuple()函数创建

语法格式如下：

```
tuplename = tuple(data)
```

data 表示可以转换为元组的对象，如 range 对象、字符串等其他任何可迭代对象。

例子：

```
age =tuple(range(2,10))
```

将创建(2,3,4,4,5,6,7,8,9) 元组。

```
name = "xiaofang"
names = tuple (name)
```

将创建('x', 'i', 'a', 'o', 'f', 'a', 'n', 'g') 元组。

```
li = [6,7,8,9]
tup = tuple(li)
```

将创建（6,7,8,9）元组。

5.3.3 元组的访问

访问元组与列表类似，下面简单说明。

1. 访问单个元素

使用索引访问，如 tup = (1,1,2,3,5,8)，tup[0]将访问元组中第 1 个元素，tup(3)将访问元组中第 4 个元素，tup(-2)将访问元组中倒数第 2 个元素。

2. 遍历元组

（1）使用 for 循环实现。

```
words = ('I','am','a','student')
for word in words:
    print(word,end='    ')
```

输出为：I am a student

（2）使用 for 循环和 enumerate()函数实现。

```
words = ('I','am','a','student')
for item in enumerate(words):
            print(item,end='    ')
```

输出为：(0, 'I') (1, 'am') (2, 'a') (3, 'student')

```
words = ('I','am','a','student')
for index,word in enumerate(words):        #这里有解包过程
```

```
        print(index,word,end='  ')
```

输出为：0 I 1 am 2 a 3 student

说明：在赋值语句中，如果左边有多个变量，Python 需要对右边的表达式先进行解包（每个元素单独提取出来），然后再逐一赋值。如果变量的个数与解包后值的个数不相等则会报错。

5.3.4　对元组的操作

元组属于不可变类型，不能对其元素进行增加、删除、修改操作，但可以进行连接组合，即把两个元组进行相加操作，也可以进行相乘（重复）操作。例子：

```
>>>zoo1 = ('老虎', '狮子')
>>>zoo2 = ('梅花鹿', '大象')
>>>zoo1 += zoo2
>>>print(zoo1)
```

输出为：('老虎', '狮子', '梅花鹿', '大象')

```
>>>zoo2 = zoo2*3
>>>print(zoo2)
```

输出为：('梅花鹿', '大象', '梅花鹿', '大象', '梅花鹿', '大象')

5.3.5　元组对象的常用方法

元组对象只有极少的方法，包括 count( )、index( )等，这两个方法的意义同列表。

5.3.6　列表与元组的比较

表 5.3　列表与元组的比较

项　目	列　表	元　组
可变类型	可变	不可变
元素增、删、改操作	能	不能
支持索引访问	支持	支持
支持切片	支持	支持
访问和处理速度	相对较慢	相对较快
推导式	有	没有
作为字典的键	不能	能
支持 in 和 not in	支持	支持

元组与列表有很多相似的地方，为什么有了列表还要元组呢？由于元组的不可变

性提供了数据的完整性，这样可以确保元组在程序中不会被另一个引用修改，而列表就没有这样的保证。元组也可以用在列表无法使用的地方。例如，作为字典的键，一些内置操作可能也要求或暗示要使用元组而不是列表。

判断元素是否在列表或元组中，使用 in 和 not in 关键字。例子：

```
>>>li = [8,20,15]
>>>8 in li
```

输出：True

```
>>>22 not in li
```

输出：True

5.4　字典（dict）

在实际应用中，列表往往用来存储一组性质相同的数据，如学生姓名、课程名称等，元组多用于存储一系列不可变的结构，如棋盘坐标。而实际生活中还有类似这种需求：描述一个人的基本特征（姓名、年龄、身高、体重）。若用列表可表示为：person = ['张粟', 18,1.75,55]，显然，从字面上并不能清晰地理解元素 18、1.75、55 表示的意义。如果写为'name'：'张粟'，'age'：18, 'height'：1.75, 'weight'：55，这些数字的意义就明确得多。

Python 把像上面这样用“键：值”对的形式来存储数据的容器称为字典。本节我们介绍字典的相关知识。

5.4.1　字典的基本特征

形式：dictname = {key1:value1,key2:value2,……}，dictname 字典名，key1:value1 键值对。键和值之间用“:”隔开，键值对与键值对之间用“,”隔开，用“{ }”包裹所有键值对。基本特征如下：

（1）键必须是不可变类型且具有唯一性。可以使用数字、字符串、元组作为键。

（2）字典是无序的，不支持用索引访问。

（3）字典的值可以是任何 Python 支持的数据类型，且可以任意嵌套。

（4）与列表和元组比较，字典有更快的检索速度。

5.4.2　字典的创建

1. 使用赋值语句直接创建

语法格式如下：

```
dictname = {key1:value1,key2:value2,……}
```

其中，dictname 表示字典名，key1，key2 表示元素的键。value1,value2 表示元素的值。

2. 创建空字典

创建字典非常简单，直接使用下面的代码：

```
dictname ={ }
```

或

```
dictname =dict( )
```

3. 通过映射函数创建

语法格式如下：

```
dictname =dict(zip(iterable1, iterable2))
```

其中，iterable1 表示一个可迭代对象，用于指定要生成字典的键；iterable2 表示一个可迭代对象，用于指定要生成字典的值。这里不必纠结什么是可迭代对象，暂且简单理解为列表或元组。

例子：

```
name = ('c', 'c++', 'Python', 'java')
price = [30,45,50.5,27]
book_info = dict(zip(name,price))
```

将创建{'c':30, 'c++':45, 'Python':50.5, 'java':27}字典。

说明：

（1）zip( )是 Python 的内置函数，功能是将多个可迭代对象作为参数，将对象中对应的元素打包成一个个元组，然后返回由这些元组组成的列表，元组的个数与最短的可迭代对象的长度相同。

例如：

```
>>>li = list(zip([1,2,3],[4,5,6]))
>>>[(1,4),(2,5),(3,6)]
>>>li = list(zip([1,2,3,4],[5,6],(7,8,9))
>>>[(1,5,7),(2,6,8)]
```

（2）dict( )是 Python 的内置函数，用于创建一个字典。

4. 通过“键=值”的形式创建

语法格式如下：

```
dictname = dict(key1=value1,key2=value2,…)
```

其中，key1，key2 表示元素的键；value1，value2 表示元素的值。

例子：

```
arms = dict( '唐僧'='咒语', '孙悟空'='金箍棒', '猪八戒'='钉耙')
```

将创建{'唐僧': '咒语', '孙悟空': '金箍棒', '猪八戒': '钉耙'} 字典。

5. 通过 dict 对象的 fromkeys( )方法创建值为空的字典

语法格式如下：

```
dictname = dict.fromkeys(iterable1)
```

iterable1 为字典键的可迭代对象。

例子：

```
name = ['李宏彦', '马云', '马化腾', '刘庆峰']
batk = dict.fromkeys(name)
```

将创建{'李宏彦': None, '马云':None, '马化腾': None, '刘庆峰':None} 空字典。

6. 通过字典推导式创建

字典推导式与列表推导式类似，基本语法格式如下：

```
{键表达式:值表达式 for 变量 in 列表}
```

或者

```
{键表达式:值表达式 for 变量 in 列表 if 条件}
```

实践：在 IDLE 的交互模式下执行下面的代码，并认真体会。

```
>>>num = {i:i*i for i in range(1,5)}
>>>num
```

输出{1:1,2:4,3:9,4:16}

```
>>> even = {i:i*i for i in range(1,10)    if i%2==0}
>>>even
```

输出{2: 4, 4: 16, 6: 36, 8: 64}

```
>>>name =('钱学森', '邓稼先', '华罗庚', '李四光')                    #用于键的元组
>>>area = ('上海', '安徽', '江苏, '湖北')                            #用于值的元组
>>>scientist_1 = {i:j for i,j in zip(name,area)}
>>>scientist_1
```

输出：{'钱学森': '上海', '邓稼先': '安徽', '华罗庚': '江苏', '李四光': '湖北'}

```
scientist_2 = {name[i]:area[i]    for i in range(0,4)}
>>>scientist_2
```

输出：{'钱学森': '上海', '邓稼先': '安徽', '华罗庚': '江苏', '李四光': '湖北'}

结合列表推导式和字典推导式，我们归纳出推导式的一般规律：

（1）书写格式上是先写出元素的表达式，然后在后面写循环语句；

（2）本质上是一种具有变换和筛选功能的函数。

我们来分析一个使用推导式将一个嵌套列表转换成一个一维列表的例子。

```
>>>li_a = [[1, 2, 3], [4, 5, 6], [7, 8, 9]]
>>>li_b = [j for i in li_a for j in i]
>>>li_b
>>>[1, 2, 3, 4, 5, 6, 7, 8, 9]
```

li_a 是一个嵌套列表，for i in li_a for j in i 等价于双重循环：

```
for i in li_a:
    for j in i:
```

每一次内循环产生一个 j 的值作为列表的元素。

5.4.3 字典的访问

1. 访问单个元素

字典是无序的，因此不支持索引访问，可以使用“键”来访问。例如：上面输出的字典。

```
scientist  = {'钱学森': '上海', '邓稼先': '安徽', '华罗庚': '江苏', '李四光': '湖北'}
```

要想获取科学家钱学森的籍贯，可以使用 scientist['钱学森']访问，而不能使用 scientist[0]访问。

如果指定的键不存在就会抛出 KeyError 异常，在实际开发中，我们不能保证键一定存在，为了保证程序的健壮性，就需要避免该异常产生。下面介绍几种方法：

（1）使用 if 语句对不存在的情况进行处理，设置一个默认值或提示信息，把访问 scientist 的代码修改为：native = scientist['陈景润'] if '陈景润' in scientist else '抱歉，信息不存在'，就不会抛出异常。Python 解释器是怎么“解释”这句话的呢？——先判断键“陈景润”是否在字典（scientist）中，如果在，就执行 scientist['陈景润']，不存在，就执行 else 后面的 '抱歉，信息不存在'。实际上，这是 Python 的类似于其他编程语言中的三目运算符的写法，在第 3 章中已经阐述。

（2）使用 dict 对象的 get(key[,default])方法，把访问 scientist 的代码修改为：scientist.get('陈景润', '抱歉，信息不存在')，结果与（1）相同。

2. 遍历字典

（1）使用 for 循环及字典的 items( )方法实现。

字典对象的 items( )方法返回由字典的键值对组成的元组为元素的列表。形式如：[(key1,value1),(key2,value2),(key3,value3),……]。

其中，key1，key2，key3 表示字典的键；value1，value2，value3 表示字典的值。例子：

```
mail_list = {'lihua': 'lihua@126.com', 'wangqiang': 'wq@163.com', 'liuhao': 'lh@qq. com'}
for item in mail_list.items():
    print(item)
```

输出：

('lihua', 'lihua@126.com')

('wangqiang', 'wq@163.com')

('liuhao', 'lh@qq.com')

如果需要，也可以使用下面的代码分别获得字典的键和值。

```
mail_list = {'lihua': 'lihua@126.com', 'wangqiang': 'wq@163.com', 'liuhao': 'lh@qq. com'}
for key,value in mail_list.items():
    print(key, ": ",value)
```

输出：

lihua: lihua@126.com

wangqiang:wq@163.com

liuhao:lh@qq.com

（2）使用 for 循环及字典的 values( )方法、keys( )方法实现

字典对象的 values( )方法返回由字典的值组成的列表，keys( )方法返回由字典的键组成的列表。使用方法类似于 items( )方法。仍以上面的字典为例：

```
mail_list = {'lihua': 'lihua@126.com', 'wangqiang': 'wq@163.com', 'liuhao': 'lh@qq. com'}
for key in mail_list.keys():
    print(key)
```

输出：

lihua

wangqiang

liuhao

```
mail_list = {'lihua': 'lihua@126.com', 'wangqiang': 'wq@163.com', 'liuhao': 'lh@qq. com'}
for value in mail_list.values():
    print(value)
```

输出：

lihua@126.com

wq@163.com

lh@qq.com

5.4.4　对字典的操作

1. 增加元素

（1）直接使用语句：dictname[key] = value 添加，如：

```
>>>dic = {'name':'小牧','age':12}
>>>dic['e_mail'] = '111@126.com'
```

将增加一个键值对：emial:111@126.com。

说明：如果新添加的键已经存在，则将使用新值替换原来该键的值。

（2）使用 dict 对象的 setdefault(key[,default])方法，如果键已经存在，则只返回原来的值，并不替换原来的值。

（3）使用 dict 对象的 update( )方法，如：

```
>>>dic = {'name':'小牧','age':12}
>>>other = {'qq':1111111, 'age':15}
>>>dic.update(other)
>>>print(dic)
```

输出：{'name': '小牧', 'age': 15, 'qq': 1111111}

可看出，dict 对象的 update(方法是把另外一个字典更新进来，如果键不存在则增加键值对，若存在则用新值替换原来该键的值。

2. 修改元素

参考增加元素的方法。

3. 删除元素

（1）使用 del 语句。

语法格式：

```
del dictname[key]
```

当键不存在时会抛出 KeyError 异常。可以使用如下代码先判断键是否存在，然后再删除。

```
if key in dict:
    del dict[key]
```

（2）使用字典对象的 pop( )方法。

语法格式：

```
dictname.pop(key[,default])
```

当键存在时先删除元素，然后返回该键的值。当键不存在且没有指定 default 参数时会抛出 KeyError 异常。

（3）使用字典对象的 popitem( )方法。

语法格式：

```
dictname.popitem( )
```

随机删除字典中的一个元素（一般删除末尾对），并以元组的形式返回删除的键值对。如果字典为空，就会抛出 KeyError 异常。

（4）删除所有元素使用字典对象的 clear( )方法。

语法格式：

```
dictname.clear( )
```

5.4.5 字典对象的常用方法

表 5.4 字典对象的常用方法

方法名称	语 法	描 述
clear	dictname.clear()	删除字典的所有元素
copy	dictname.copy()	返回一个字典的浅复制
fromkeys	dictname.fromkeys (seq[, value])	创建一个新字典
get	dictname.get(key[,default])	返回指定键的值，如果键不存在，返回 default
items	dictname.items()	返回由字典的键值对组成的元组为元素的列表
keys	dictname.keys()	返回由字典的键组成的列表
values	dictname.values()	返回由字典的值组成的列表
update	dictname.update(dict)	把字典 dict 的键值对更新到当前字典
pop	dictname.pop(key[,default])	删除并返回元素
popitem()	dictname.popitem()	随机删除元素

5.4.6 动手实践

（1）字符计数：输入 1 串英文字母(只包含字母)，输出每种字母出现的次数。

如输入： TomBillyTloy，输出：T:2　o:2　m:1　B:1　i:1　l:3　y:2。

算法分析：把整个过程划分为 3 个步骤——从键盘读入字符串、统计字母出现的次数、输出结果。

统计过程的具体实现：显然，用字典保存统计结果是最好的选择，首先创建一个空字典，然后遍历字符串得到每个字符，根据该字符是否已出现过进行增加和修改。

代码如下：

```
key_sum = {}
word = input("请输入字符串：")
```

```
for c in word:
    if c not in key_sum.keys():
        key_sum[c] =1
    else:
        key_sum[c] +=1
for key,value in key_sum.items():
    print(key,":",value,end = " ")
```

也可以用简写形式

```
key_sum ={}
word = input("请输入字符串：")
for c in word:
    key_sum[c] = 1 if c not in key_sum.keys() else key_sum[c]+1
for key,value in key_sum.items():
    print(key,":",value,end = " ")
```

如果你希望按照字母出现次数从小到大或从大到小输出，可以使用内建函数 sorted( )实现，请自行研究。

（2）矩阵交换行：给定一个 5×5 的矩阵（数学上，一个 r×c 的矩阵是一个由 r 行 c 列元素排列成的矩形阵列），将第 n 行和第 m 行交换，输出交换后的结果。输入共 6 行，前 5 行为矩阵的每一行元素,元素与元素之间以一个空格分开。第 6 行包含两个整数 m（1≤m）、n（n≤5），以一个空格分开。输出交换之后的矩阵，矩阵的每一行元素占一行，元素之间以一个空格分开。

输入样例：

```
1 2 2 1 2
5 6 7 8 3
9 3 0 5 3
7 2 1 4 6
3 0 8 2 4
1 5
```

输出样例：

```
3 0 8 2 4
5 6 7 8 3
9 3 0 5 3
7 2 1 4 6
1 2 2 1 2
```

算法分析：把整个过程划分为 3 个步骤——从键盘读入矩阵数据、交换数据、输出数据。

实现代码如下：

```
matrix = {}
i =1
while i<=5:
    temp = [int(j) for j in input().split()]
    matrix[str(i)]=temp
    i+=1
m,n = input().split()
matrix[m], matrix[n] = matrix[n], matrix[m]
for i in range(1,6):
    for num in matrix[str(i)]:
        print(num,end= ' ')
    print()
```

这个问题思路简单，主要涉及字典、列表的基本操作，读入矩阵数据时，input( )函数读入一行，使用字符串对象的 split( )方法将其拆分为以字符串为元素的列表，矩阵的用途主要是计算，为此先把元素转换为数值，再保存到列表。输出矩阵数据时，由于字典的无序性，采用遍历键的方式输出，确保顺序正确。采用字典存储仅仅是为了练习字典的操作。如果采用列表存储，代码如下：

```
matrix = []
i =1
while i<=5:
    temp = [int(j) for j in input().split()]
    matrix.append(temp)
    i+=1
m,n = input().split()
matrix[int(m)-1], matrix[int(n)-1] = matrix[int(n)-1], matrix[int(m)-1]
for value in matrix:
    for num in value:
        print(num,end= ' ')
    print()
```

（3）爬楼梯：楼梯有 n 阶台阶，上楼时可以一步上 1 阶，也可以一步上 2 阶，编程计算共有多少种不同的走法？请编写一个程序，输入台阶数，输出走法及走法的数目。设台阶编号依次为 1,2,3,……，从台阶 1 到台阶 2 表示为 1->2，从台阶 2 到台阶 4 表示为 2->4。

分析，考虑特殊情况：

台阶数　走法数目　　　　　　　　走法

1　1　0->1　=　1

2　2　(0->1->2)+(0->2)　= 2

3　3　(0->1->2->3)+(0->1->3)+(0->2->3)　=　3

4　5　(0->1->2->3->4)+(0->2->3->4)+(0->2->4)+(0->1->3->4)+(0->1->2->4) = 5

5　?

似乎很难找到规律，我们换个角度思考，第一步可以选择上 1 阶或选择上 2 阶，当走完第一步以后，面临的问题又是选择上 1 阶或选择上 2 阶，如此反复。于是可以分为两类走法：

第一类：上 1 阶，剩余 n-1 阶，共 n-1 种走法。第二类：上 2 阶，剩余 n-2 阶，共 n-2 种走法。设 F(n)表示走完 n 阶台阶的走法的数目，可得规律 F(n) = F(n-1)+F(n-2)。

单纯求走法数目的代码如下：

```
def steps(n):
        if n == 1:
              return 1
        elif n == 2:
              return 2
        else:
              return steps(n-1)+steps(n-2)
num = input("请输入台阶数：")
print(steps(int(num)))
```

以下是具体走法的代码（需要用到二叉树的知识，已经超出本章范围，你可能会感到有些困难）：

```
class Node:
    def __init__(self,item):
        self.item = item
        self.lchild = None
        self.rchild = None
def creattree(root=None,i=0):
    if i> N:
        return None
    else:
        root = Node(i)
        root.lchild = creattree(root,i+1)
        root.rchild = creattree(root,i+2)
```

```
            return root
        return root
def disptree(root,path=''):
        if root is None:
            return ''
        if root.lchild !=None or root.rchild != None:
            path += str(root.item)+'->'
        if root.lchild ==None and root.rchild == None:
                path += str(root.item)
                print(path)
        else:
                disptree(root.lchild,path)
                disptree(root.rchild,path)
N =int(input("请输入台阶数："))
root =creattree()
disptree(root)
```

如果输入 5：

0->1->2->3->4->5

0->1->2->3->5

0->1->2->4->5

0->1->3->4->5

0->1->3->5

0->2->3->4->5

0->2->3->5

0->2->4->5

解决这个问题的思路是：将待求解的问题分解成若干个相互联系的子问题，先求解子问题，然后从这些子问题的解得到原问题的解。这就是动态规划的思想。动态规划的思想运用在实际生活十分广泛，如“汉诺塔问题”就是动态规划思想。也许你已经发现，在数学中重点是根据递推式求通项公式，在计算机中重点是怎样求出递推式（构建递推式难度大、技巧性强）。

（4）再谈 *args，**kwargs 参数：请设计一个程序，从标准输入设备读入个数不确定的整数和算术运算（+，-，*，/）进行运算。第一行输入参与运算的整数，用空格隔开，第二行输入运算符号。要求：完成运算的过程用函数实现。

输入样例：

1 4 6 7 8 9 3

+

输出样例：

38

算法分析：该问题可分为 3 个步骤——接收数据、运算、输出。主要步骤是运算，由于参与运算的数的个数不确定，所以可以将接收到的数据存储到列表中，然后遍历列表便可完成计算。但是运算过程要求用函数完成，怎样向函数传递个数不确定的参数呢？先运行如下代码：

```
def fun_calc(*args,**kwargs):
    result = args[0]
    length = len(args)
    for i in range(1,length):
        result =eval(str(result)+kwargs['symbol']+args[i])
    return result
nums = input("请输入参与计算的数：").split()
flag =input("请输入运算符：")
result = fun_calc(*nums,symbol=flag)
print(result)
```

解决这个问题的关键是使用了*args，**kwargs 作为形式参数（当*args，**kwargs 同时出现时，*args 必须在前面）。

首先解释*args，**kwargs 作为形式参数的意义，*args 的意义是将实参中按照非关键字形式传值的“多余”的值以元组方式传递给 args，**kwargs 的意义是将实参中按照关键字形式传值的“多余”的值以字典的方式传递给 kwargs，“多余”是指把实参的值优先匹配位置参数和默认参数后剩下的参数。

例子：

```
def fun_test(m, *k, n=5， **p):
    for item in k:
        print(item,end=',')
    print("\n"+"="*20)
    for key,value in p.items():
        print("{}:{}".format(key,value))
fun_test(3,4,5,6,n=7,d=8)
```

输出：

4,5,6,

====================

d:8

最后强调两点：① 为形式参数指定默认值时，建议默认值为不可变类型，否则会出现不可预料的后果；② 在运算过程中我们使用了 eval( )函数，eval( )函数的功能是将字符串当成有效的表达式来求值并返回计算结果。你能联想到什么吗？这就是 Python 炸弹的根。

5.5　集合（set）

集合是数学中的一个基本概念，是由一个或多个确定的元素所构成的整体，现在几乎渗透到了数学的各个领域。集合的元素具有确定性、互异性、无序性的特点，元素互异性是集合最重要的特征之一。在计算机科学中同样需要具有元素互异的数据结构，Python 为此设计了两种称为集合的数据结构：可变集合、不可变集合。可变集合是指元素可以被动态增加、修改和删除的集合，不可变集合是指集合一旦被创建，其元素就不能被改变的集合。本书只介绍可变集合。

形式上，集合是用“{ }”包裹的一系列用“,”分隔的元素序列。例如：

```
animal = {'老虎', '狮子', '斑马', '穿山甲'}
```

5.5.1　集合的创建

1. 使用赋值语句直接创建

语法格式如下：

```
setname = {element1，element2，……}
```

其中，setname 表示集合名；element1，element2 表示集合的元素。setname 可以是任何符合 Python 命名规则的变量名。元素的个数没有限制，集合中的元素不能是可变数据类型。

例如：

```
ageset = {10,15,20,22,80,25,22}
bookset = {'程序设计',( 'c', 'c++', 'Python'), '系统理论',( '数据结构', '算法', '计算机
        原理')}
```

说明：在创建集合时如果有重复的元素，会自动去掉重复的，只保留一个。

2. 创建空集合

创建空集合，直接使用代码：setname =set( )。注意：不能使用 setname = { }。

3. 使用 set( )函数创建

语法格式如下：

```
setname =set(data)
```

data 表示可以转换为集合的对象，如 range 对象、字符串等其他任何可迭代对象。

例子：

```
age =set(range(1,10))
```

将创建(1,2,3,4,4,5,6,7,8,9) 集合。

```
name = "xiaofang"
names =set (name)
```

将创建{'o', 'f', 'x', 'n', 'i', 'g', 'a'}集合。

```
li = [6,7,8,9,8]
num = set(li)
```

将创建{8,9,6,7}集合。

4. 使用集合推导式创建

集合推导式与列表推导式类似，基本语法格式如下：

```
{表达式  for  变量  in  列表}
```

或者

```
{表达式 for  变量  in  列表  if  条件}
```

例子：

```
age = { i for i in range(1,120)}
```

将创建一个集合，里面的元素分别为 1，2，3，...119，注意不包括 120。

```
age = { i*i for i in range(1,120)    if    i%2==0 }
```

将创建一个由 1 ~ 120 的偶数的平方作为元素的集合，注意不包括 120 的平方。

我们发现，创建列表、元组、字典、集合分别可以使用内建函数 list(data)、tuple(data)、dict(data)、set(data)，参数都是可迭代对象，只有字典稍有特别。在实际开发中，数据量都比较大，很少使用赋值语句创建，通过内建函数是使用最多的创建方式之一。我们只需记住这几个函数名就可以了。除元组外，列表、字典、集合也可以使用推导式创建。推导式是 Python 的一种独有特性，是根据某种规律生成元素，一次性生成所有元素并加载到内存中，具有语言简洁、速度快等优点。但是我们也要知道，如果数据量很大，如几个 GB 的数据，这将会占用大量内存，降低效率，这是推导式的缺点。随着今后的学习你会接触到生成器，生成器很好地解决了这个问题。

5.5.2　集合的访问

由于集合是无序的，所以不支持使用索引和切片访问，不能访问集合中的单个元素，也不能对集合中单个元素做出修改。

使用 for 循环遍历集合：

语法格式：

```
for item in setname:
    #输出 item
```

其中，item 用于保存依次从集合中获取的元素的值，setname 集合名。

例子：

```
trans_tool = {'百度翻译', '金山词霸', ' Google 翻译', '有道词霸'}
for item in trans_tool:
    print(item,end="    ")
```

输出：金山词霸　Google 翻译　百度翻译　有道词霸

说明：由于集合、字典元素的无序性，每次遍历结果的顺序可能会不一样。

5.5.3　对集合的操作

1. 增加元素

（1）使用 set 对象的 add( )方法，如：

```
>>>book_set = {'红楼梦', '西游记', '水浒传'}
>>>book_set.add('三国演义')
>>>print(book_set)
```

输出：{'红楼梦', '西游记', '水浒传', '三国演义'}

（2）使用 set 对象的 update( )方法，如：

```
>>>book_set = {'红楼梦', '西游记', '水浒传'}
>>>book_set.update('三国演义')
>>>print(book_set)
```

输出：{'红楼梦', '西游记', '水浒传', '三', '国', '演', '义'}

对比这两个方法可以看出，add( )方法是将参数作为 1 个元素增加，update( )方法是将参数解包后增加。

2. 删除元素

删除集合的元素可以使用集合对象的 pop( )方法、remove( )方法、clear( )方法。

实践：请在 IDLE 的交互模式下运行以下代码。

```
>>>car = {'宝马', '奔驰', '大众', '奥迪', '起亚'}
>>>car.remove('起亚')
>>>print(car)
```

输出：{'宝马', '奔驰', '大众', '奥迪'}

```
>>>car.pop()
>>>print(car)
```

输出：{'宝马', '奔驰', '奥迪'}

```
>>>car.clear()
>>>print(car)
```

输出：set()

说明：（1）使用 remove( )方法删除元素时，如果元素不存在，则会抛出 KeyError 异常，可以先使用 in 关键字判断元素是否存在，然后再进行删除。

（2）pop( )方法：随机删除一个元素。

（3）clear( )方法：删除所有元素。

5.5.4　集合的运算

与数学中集合的运算类似，Python 为集合提供了交、并、差、对称差等运算。

假设有集合 A、B。

交集：是指由既在集合 A 又在集合 B 中的元素组成的集合。运算符号："&"。

并集：是指由在集合 A 或在集合 B 中的元素组成的集合。运算符号："|"。

差集：是指由在集合 A 但不在集合 B 中的元素组成的集合。运算符号："−"。

对称差：是指不同时在集合 A 和集合 B 中的元素组成的集合。运算符号："^"。

例子：某校学业水平考试等级表（部分）如表 5.5 所示。

表 5.5　某校学业水平考试等级表（部分）

姓名	语文	数学	英语	物理
王巧巧	A	A	B	C
隆继宗	A	B	C	A
河姑	B	C	A	B
魏文位	A	A	C	A
金华点	A	B	A	B

求：① 语文、数学都为 A 的同学；② 语文为 A 或英语为 A 的同学；③ 语文为 A 但物理不为 A 的同学；④ 语文、英语不同为 A 的同学。

将各科等级为 A 的构建为集合，再根据集合进行运算，以下是实现代码：

```
01 chinese = {'王巧巧', '隆继宗', '魏文位', '金华点'}
02 math = {'王巧巧', '魏文位'}
03 english = {'河姑', '金华点'}
```

```
physics ={'隆继宗', '魏文位'}
print('语文、数学都为 A 的有：', chinese & math)
print('语文为 A 或英语为 A 的有：', chinese | english)
print('语文为 A 但物理不为 A 的有：', chinese - physics)
print('语文、英语不同为 A 的有：', chinese ^  english)
```

输出：

语文、数学都为 A 的有：{'王巧巧', '魏文位'}

语文为 A 或英语为 A 的有：{'河姑', '王巧巧', '魏文位', '金华点', '隆继宗'}

语文为 A 但物理不为 A 的有：{'金华点', '王巧巧'}

语文、英语不同为 A 的有：{'王巧巧', '隆继宗', '河姑', '魏文位'}

5.5.5 列表、元组、字典、集合的比较

表 5.6 列表、元组、字典、集合的比较

数据结构	是否可变	是否可重复	是否有序	定义符号	是否有推导式
列表(list)	是	可以	有	[]	有
元组(tuple)	否	可以	有	()	无
字典(dict)	是	可以	无	{key:value}	有
集合(set)	是	不可以	无	{}	有

在实际应用中，需要我们对这些数据结构的特点有清晰的认识，通过练习这些片段代码逐渐掌握它们的主要适用场合，我们开发的应用才能更高效地工作。如不希望对列表的元素进行修改时用元组，字典相对于列表具有更快的访问速度，在设计高并发应用时选择字典可能会优越于列表。

5.5.6 动手实践

（1）单词重复计数：输入一段英语句子，编写一个程序，统计所有单词重复的次数。

输入样例：I am a student He is also a student

输出样例：2

算法分析：为了统计单词重复的次数，我们可以把句子转换为列表，然后使用列表对象的 count( )方法依次统计各个单词出现的次数，减 1 后用字典存储，最后累加即可。也可以使用集合元素互异性的特点，先求出原列表单词的个数 m，然后将列表转换为集合，再求出集合元素的个数 n，m-n 即为所求。实现代码如下：

```
words = input().split()
```

```
se = set(words)
m = len(words)
n= len(se)
print(m-n)
```

（2）学生编班：新课改规定学生可以从物理、化学、生物、政治、历史、地理 6 门课程中任意选择 3 门参加高考。学校经过志愿征集后得到的结果如表 5.7 所示。

表 5.7 志愿征集结果

姓名	物理	化学	生物	政治	历史	地理
潘虹	1	1	0	1	0	0
覃姗	0	0	1	1	1	
王丽	1	0	1	0	0	1
……						

注：1 表示选择，0 表示不选择。

如果存在同时选择某 3 门课的学生数大于或等于 56，就将这些学生安排为“行政班”。请编写一个程序判断是否可以开设“行政班”，并输出组合科目。

假设数据已按如下格式保存：

```
select_info = {"潘虹":[1,1,0,1,0,0],"覃姗":[0,0,1,1,1,0],"王丽":[1,0,1,0,0,1]}
```

输出样例：可以 物理 生物 历史

输出样例：不可以

算法分析：从 6 门课程中任意选择 3 门课程共有 20 种组合，需要对每一种组合进行判断。为此，首先从列表中将选择每门课程的学生分离出来，用集合保存，再通过集合的交集运算求解。实现代码如下：

```
# _*_ coding:utf-8 _*_
from itertools import combinations        #导入求组合数模块
"""
student[0]:选择物理科目的学生
student[1]:选择化学科目的学生
student[2]:选择生物科目的学生
student[3]:选择政治科目的学生
student[4]:选择历史科目的学生
student[5]:选择地理科目的学生
"""
N =1                                      #同时选择课程学生数
is_can = False
```

```
select_info = {"潘虹":[1,1,0,1,0,0],"覃姗":[0,0,1,1,1,0],"王丽":[1,0,1,0,0,1]}
object = ['物理','化学','生物','政治','历史','地理']
student =[]
#初始化列表
for i in range(0,6):
    student.append(set())
#分离选课学生数据，保存到集合中
for key,value in select_info.items():
    for i in range(0,6):
        if value[i]==1:
            student[i].add(key)
combin = list(combinations(range(0,6), 3))
for i,j,k in combin:
    if  len(student[i] & student[j] & student[k])>=N:
        print('可以',object[i],object[j],object[k])
        is_can = True
if not is_can:
    print("不可以")
```

本章小结

本章按照创建、增加、查找、修改、删除的顺序介绍了列表、元组、字典、集合这几种数据结构。这些操作是对数据结构的基本操作，同时也是主要操作。我们已经知道大多数的操作都是使用对象本身的方法进行的，Python 中的一切皆为对象，在后面的章节中会学习类和模块，你会发现 Python 有很多模块，能否掌握模块提供的方法是成功的关键。除此之外，还介绍了关于排序的几种算法、二分查找算法，引入了枚举思想、分治策略、动态规划基本思想，希望你能仔细体会这些思想。

练习题

1. **位置前移：**输入用空格隔开的 n 个不同的整数，第 1 个数移到末尾，其余各数依次往前移 1 个位置。

输入样例：5 6 7 8

输出样例：6 7 8 5

2. **最长单词：**输入一段简单英文句子（长度不超过 500），单词之间用空格分隔，没有缩写形式和其他特殊形式。找出该句子中最长的单词。如果多于一个，则输出第一个。

输入样例：I am a student of Peking University

输出样例：University

3. **约瑟夫问题：**n 个人（以编号 1，2，3，...，n 分别表示）围成一圈。从第一个人开始报数，数到 m 的那个人出列；他的下一个人又从 1 开始报数，数到 m 的那个人又出列；依此规律重复下去，直到所有人出圈。依次输出出圈人的编号。n，m 由键盘输入。

输入样例：

10

6

输出样例：6 2 9 7 5 8 1 10 4 3

4. **石头剪子布：**石头剪子布是一种猜拳游戏，深受世界人民喜爱。现用字典：game ={'computer': '','person': ''}表示计算机和人的出拳情况，用 R、S、P 分别表示石头、剪子、布。 游戏规则：石头打剪刀，布包石头，剪刀剪布。现在，需要你写一个程序来判断石头剪子布游戏的结果。程序运行后，输入 10 个由 R、S、P 组成的字符串，随即计算机随机产生 10 个由 R、S、P 组成的字符串。输出计算机产生的字符串和游戏结果。

输出样例：计算机出拳：RSSSRPPSSR

电脑胜：6

5. **控制线划定：**高考的录取批次划分为第一批和第二批，招生录取计划数提前制订，考生参加高考后成绩按从高到低排序。假设第一批控制线是根据计划录取人数的 140%划定，考生人数为 n（n≤1000000），成绩各不相同，第一批计划数为 m（1≤m≤n），请编写一个程序划定第一批控制线。

输入样例：

699.32 650.32 660.35 580.6 603.7 530.6 701.6 480.6 536.5

3

输出样例：603.7

6. **数值求和：**现有一个元素很多的列表（如 1000000000 个），元素值都在 1 ~ 100，元素已按从小到大排序，请编写一个程序计算所有元素的和。提示：侧重考虑效率。

输入样例：1 1 1 2 3 3 3 3 4 5 6 6

输出样例：38

7. **非空子集**：输入用空格隔开的 n 个不同的整数，输出由这些整数作为元素的集合的所有非空子集。

输入样例：3 4 6

输出样例：[{3},{4},{6},{3,4},{3,6},{4,6},{3,4,6}]

第 6 章　面向对象编程基础

在前面的章节中，我们解决问题的思想是先把一个问题分解为几个步骤，然后逐一实现每个步骤，如果某个步骤比较复杂，还需要把这个步骤分解成许多子步骤，直到问题得以解决为止。我们把这种自顶向下、逐步求精、分而治之的编程过程叫作面向过程编程。面向过程编程关注每个过程的具体实现。随着计算机技术的发展，软件越来越复杂，面向过程编程的方法已经难以设计出大型软件。20 世纪 60 年代，人们提出了面向对象编程（Object Oriented Programming，即 OOP）的思想，比面向过程编程具有更强的灵活性和扩展性，可以使软件设计更加灵活，并且能更好地进行代码复用。本章我们介绍面向对象编程技术的基础知识。

6.1　面向对象编程概述

面向对象编程的思想是：把要解决的问题分解成很多对象，编程人员主要关注在什么条件下对象做什么事情，而不关注对象做事情的具体过程。想象这样的场景：屏幕下方每隔 1 s 就会出现大小、颜色各异的多个气球，每个气球缓缓上升，最后飘出屏幕。该怎样模拟这个场景呢？

面向对象编程的思想：把气球当成对象，气球的大小、颜色、运动由气球自己决定。设计一个循环，每隔 1 s 执行 1 次，在每次循环中产生几个新气球即可。

面向过程编程的思想：首先设计好控制气球大小、颜色、运动的各个函数。设计一个循环，每隔 1 s 执行 1 次，在每次循环中去调用这些函数。

面向对象编程的基础是对象，每个对象都有属于自己的数据（属性）和操作这些数据的函数（方法）。在设计软件时，首先要仔细分析每个对象都有哪些属性以及哪些方法，构造出对象的“模板”，然后再根据这个“模板”生成具体的对象。

学习面向对象编程，需要理解两个基本概念——类、对象，灵活运用三大特点——封装、继承、多态。

1. 类

类就是“模板”，是用来生成具体对象的“模型”。例如，工厂生产玩具的模具就是类。类是对现实生活中一类具有共同特征的事物的抽象，是一种自定义数据类型，每个类都包含相应的数据（属性）和操作数据的函数（方法）。编写类是面向对象编程的前期主要工作。

2. 对象

对象是根据类创建的一个个实体，如工厂根据模具生产出来的具体的玩具。

3. 封装

封装是面向对象编程的核心思想，是指将对象的属性和方法绑定到一起封装起来的过程。可以选择性地隐藏属性和隐藏实现细节。这就是封装的思想。

4. 继承

继承是指类与类之间的关系，如果一个类（A）除了具有另一个类（B）的全部功能外，还有自己的特殊功能，这时类 A 就可以继承于类 B，从而减少代码的书写，提高代码复用性。

5. 多态

多态是指子类和父类具有相同的行为名称，但这种行为在子类和父类中表现的实际效果却不相同。例如，父亲有“跑”的行为，儿子也有“跑”的行为，但父亲跑得更快一些，儿子跑得慢一些。具体实现方法是在子类中重写父类的方法。

6.2　类的创建与使用

6.2.1　类的创建

在 Python 中，定义类的基本语法如下：

```
class ClassName( ):
    class_suite    #类体
```

ClassName：类的名字，Python 建议类名采用“大驼峰式命名法”（即每个英语单词的首字母大写）。class_suite：类体，主要是由属性、方法等语句组成。

例子，定义一个 Dog 类，代码如下

```
class Dog():
    def run(self):
        print("Dog is running")
```

6.2.2　创建类实例

上面定义了一个 Dog 类，但仅仅是一个“模具”，有了这个“模具”，我们就可以创建很多“狗”，根据“模具”创建“狗”，称为创建类的实例（对象），语法如下：

```
object   = ClassName（ ）
```

ClassName：类名。object：根据类创建的实例对象。比如根据前面的 Dog 类创建一个实例对象：

```
dog = Dog（ ）            #创建 Dog 类实例
dog.run(   )             #调用 dog 的 run 方法
```

运行效果如图 6.1 所示。

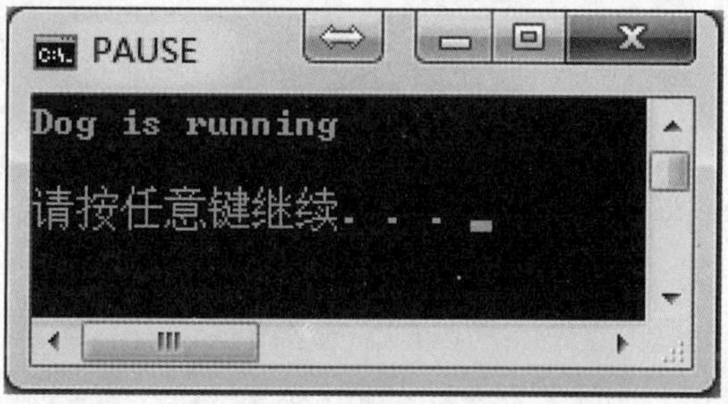

图 6.1　运行结果

在上面定义 Dog 类的代码中，run(self)方法中的 self 是指实例本身，Python 解释器会自动把实例对象本身传入，无须显示传入，如 dog.run(dog)，将会引发“TypeError”异常。

6.2.3　__init__( )方法

Python 中，当实例对象被创建或销毁时，会默认调用一些特殊方法。其中__init__( )方法就是当创建一个实例对象时，将会自动调用的方法。通常情况，我们会把一些需要对对象进行初始化的操作放在这个方法里面。现在改写上面的 Dog 类，当创建对象时，完成对颜色、体重、身高进行初始化的功能。

```
class Dog():
    def __init__(self,color,weight,height):
        self.color = color
        self.weight = weight
        self.height = height
dog = Dog('black',30,40)
print(dog.color,dog.weight,dog.height)
```

输出：black 30 40

03、04、05 行代码的功能是创建实例属性并初始化。

说明：

（1）__init__( )方法中必须要有 1 个表示实例对象本身的参数，习惯取名为 self;

（2）__init__( )方法中除了第 1 个参数表示实例对象本身的参数外，还可以自定义其他参数，参数之间用逗号“,”隔开。

6.2.4　类成员创建与访问

类的成员主要由类方法、实例方法、类属性和实例属性、静态方法等组成。下面先给出一个例子说明这些成员在形式上的区别：

```
class Student( ):
    sum = 0                              #类属性
    def  __init__(self,name):            #实例方法
        self.name = name                 #实例属性
        sum +=1
    def  study(self):                    #实例方法
        print(self.name +"is learning……")
    @classmethod                         #类方法装饰器
    def  get_total(cls):                 #类方法
        print("学生总数：%d" %(sum))
    @staticmethod                        #静态方法装饰器
    def print_sum():                     #静态方法
        print(Student.sum)
```

通过前面章节的学习，已经熟悉了变量和函数的概念，在类体中，我们把与变量类似的对象称为属性，与函数类似的对象称为方法。凡是前面有“self.”标识的属性叫作实例属性，没有这种标识的叫作类属性，把参数中有“self”的方法叫作实例方法，把用@classmethod 装饰器装饰的方法叫作类方法，把用@staticmethod 装饰器装饰的方法叫作静态方法。

本节只介绍实例方法和属性的创建与访问。

1. 实例方法的创建和访问

创建实例方法的语法格式如下：

```
def  functionname(self, parmeterlist):
    block
```

functionname：方法名，一般使用小写字母开头。self：必要参数，表示类的实例对象，名称可以是任何合法的 Python 标识符，使用 self 只是习惯而已。parmeterlist：

其他参数，参数之间用逗号“,”隔开。block：方法中的语句块。

访问实例方法的语法格式如下：

```
实例名. functionname(parmeterlist)
```

2. 属性的创建和访问

根据属性定义时的位置，属性分为类属性和实例属性。

类属性：定义在类中，并且在方法体外的属性叫作类属性。类属性主要用于在类的实例对象之间共享值。访问类属性可以通过“类名.类属性”或“实例名.类属性”访问。

实例属性：定义在方法体中的属性叫作实例属性。实例属性属于实例对象所有。访问实例属性只能通过“实例名.实例属性”访问。

例子：创建一个学生类，能记录通过该类创建的男生与女生的个数。

```
class Student():
    male = 0
    female = 0
    def __init__(self,name,sex):
        self.name = name
        self.sex = sex
        if sex =='男':
            Student.male +=1
        else:
            Student.female +=1
zhang = Student('张帅', '男')
wang = Student('王兰', '女')
print(Student.male,Student.female)                #通过类名访问类属性
print(zhang.male,wang.female)                     #通过实例名访问类属性
print(zhang.name)                                 #访问实例属性
```

输出：

1　1

1　1

张霞

说明：通过“实例名.类属性 = 值”的形式并不能修改类属性，而是增加同名的实例属性。

知识拓展：创建实例对象时，Python 解释器会根据类的定义，为每个实例划分一块内存空间用于保存实例属性和一些特殊的属性，类属性、实例方法、类方法并不复制到这块空间中。

6.3 数据封装与访问限制

6.3.1 数据封装

封装是面向对象编程的核心思想，封装的主要目的是把属性和方法绑定到一起，以接口的形式提供给使用者，使用者不必了解接口内部是怎么实现的，只需调用接口就可以获得希望的结果。

例子：打印名片。

```
class Card():
    def __init__(self,name,sex,tel,address):
        self.name = name
        self.sex = sex
        self.tel =tel
        self.address = address
    def print_card(self):                    #print_card()就是对外的接口
        print('='*30)
        print('姓名：',self.name,''*10,'性别：',self.sex)
        print('联系电话：',self.tel)
        print('地址：',self.address)
        print('='*30)
p = Card('张三','男',13888888888,'贵州省贵阳市云岩区飞山街')
p.print_card()
```

输出：

```
==============================
姓名： 张三  性别： 男
联系电话： 13888888888
地址： 贵州省贵阳市云岩区飞山街
==============================
```

解析：面向对象编程的基本单元是对象，用户只需关注对象能做什么，不需要考虑这些功能是怎么实现的，直接调用即可。在本例中我们生产了 1 个对象 p，接下来只需关注 p 能做什么就行了，而不考虑怎样把 p 中的数据提取出来，以及如何打印成名片。如果把定义类的代码看成 1 条语句的话，这段代码就只有 3 条语句：定义类、创建实例对象、调用对象的接口。这就是面向对象编程的思想。根据经验，在分析面向对象编程时，考虑定义类是一个人（生产者），使用类是另一个人（用户/消费者）。

但是，我们总得要在某个地方编写打印名片的具体过程，由于名片所需要的数据都来自实例本身，因此，可以把这些具体的操作过程写到类里面，对外提供 print_card

( ) 方法，供用户直接调用，这样用户就不需要知道（关注）print_card ( ) 方法内部是如何实现的，从而达到了隐藏内部的复杂逻辑的目的，这就是封装，这里，print_card ( ) 方法也称接口，API（应用程序接口）。计算机主机上的接口也是这个意思。

为什么使用 Python 编程简单，原因就是它丰富的库已经为我们写好了很多类，里面封装了很多接口，我们只需调用这些接口就能完成几乎所有功能。

6.3.2　访问限制

在 Python 中，可以通过类似“实例名.实例属性”的形式直接修改数据，有时需要禁止这种访问方式来保证数据的完整性和有效性，Python 提供的解决方案是在属性和方法名前面加下划线来限制访问权限。

（1）单下划线，表示只运行类本身和子类访问，但不能使用 from 模块 import * 语句导入；

（2）首尾双下划线，表示特殊方法；

（3）只有双下划线开头，只允许定义该方法的类本身进行访问，也不能通过实例对象来访问。

例子：实践双下划线限制访问权限。

```
class Dog():
    def __init__(self,name):
        self.__name = name                #加双下划线，限制访问
    def get_name(self):
        return self.__name                #在类中访问
tom = Dog("Tom")
print(tom.get_name())
print(tom. __name)                        #通过实例对象访问
```

运行结果如图 6.2 所示。

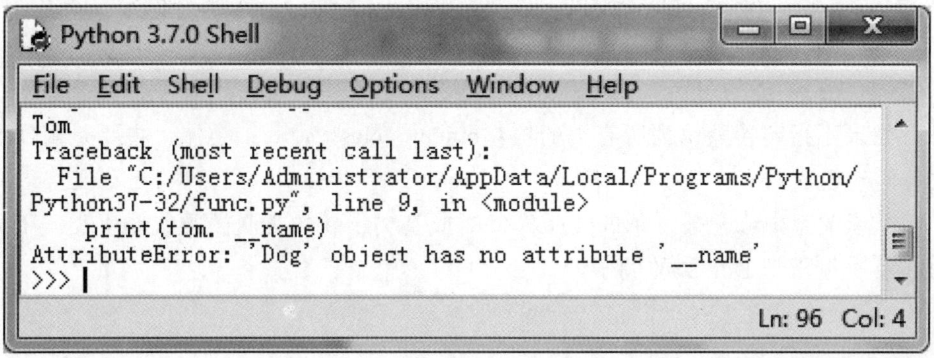

图 6.2　运行结果

可以看出，在类中是能够访问的，但不能通过实例对象访问，从而达到了保护的目的。

知识拓展：

（1）加双下划线后，Python 内部做了什么事情？其实 Python 只是在这些属性和方法名前增加了“_类名”而已，因此，即使加了双下划线，也可以通过“实例名._类名__×××”方式访问，比如本例中就可以使用 tom._Dog__name 访问。

（2）对属性的进一步控制可以通过@property 装饰器实现，请参考其他资料。

6.4　继承和多态

6.4.1　继　承

我们在前面定义了一个 Dog 类，狗（见图 6.3）有很多种类，假设现在需要一个哈士奇(Husky)类，是不是要重新定义一个新类呢？哈士奇具有狗的一般特征，同时又有自己的特征。与自然界中的遗传类似，由此我们可以想到让哈士奇类继承于狗类。

图 6.3　狗

继承的语法格式如下：

```
class ClassName(baseclasslist):
    class_suite   #类体
```

ClassName：类的名字。baseclasslist ：要继承的基类列表，类名之间用逗号（，）隔开，如果不指定，默认为所有类的根：object。class_suite：类体，主要是由属性、方法等语句组成。

在继承关系中，把被继承的类叫作父类或基类，新的类叫子类或派生类。下面写出 Husky 类继承于 Dog 类的例子。

```
class Dog():
    def run(self):
        print("Dog is running")
```

```
class Husky(Dog):
    pass
hsk= Husky( )
hsk.run()
```

输出：Dog is running

说明 Husky 类继承了 Dog 类的 run 方法。下面我们编写一个案例来探索下面这些问题：

（1）什么样的属性和方法可以被继承？

（2）当多个父类中有相同的属性和方法时，是继承哪一个父类的？

（3）怎样重写父类方法？

```
class Animal(object):                         #定义 Animal 类
    def __init__(self):
        self.ears = 2
    def eat(self):
        print("Animal is eating ……")
class Dog(Animal):                            #定义 Dog 类，继承 Animal 类
    def __init__(self):
        super().__init__()
        self._name = 'dog'
        self.__color = 'white'                #定义私有属性
        self.leg = 4
    def run(self):
        print("Dog is running")
    def eat(self):
        print('Dog is eating ……')
class Shape(object):                          #定义 Shape 类
    def __init__(self):
        self.height = 40
class Husky(Dog,Shape):                       #定义 Husky，同时继承 Dog 类,Shape 类
    def __init__(self):
        Dog.__init__(self)
        Shape.__init__(self)
hsk= Husky()                                  #创建 Husky 的实例对象
hsk.eat()                                     #调用 hsk 的 eat()方法
print(dir(hsk))                               #查看 hsk 的所有属性和方法
```

输出结果：

['_Dog__color', '__class__', '__delattr__', '__dict__', '__dir__', '__doc__', '__eq__', '__format__', '__ge__', '__getattribute__', '__gt__', '__hash__', '__init__', '__init_subclass__', '__le__', '__lt__', '__module__', '__ne__', '__new__', '__reduce__', '__reduce_ex__', '__repr__', '__setattr__', '__sizeof__', '__str__', '__subclasshook__', '__weakref__', '_name', 'ears', 'eat', 'height', 'leg', 'run']

Dog is eating ……

总结如下：

假设子类的定义格式为：class 子类（父类 1，父类 2，……）：

（1）以双下划线开头的实例属性是私有属性，不能被继承，如案例中的__color 属性。

（2）如果一个子类继承多个父类，子类的实例对象搜索方法和属性的顺序是：子类本身、父类 1、父类 2，……、父类 1 的父类、父类 2 的父类……，直到找到为止，即广度优先搜索。

（3）如果子类中没有重写__init__( )方法，则子类会默认调用父类 1 的__init__( )方法。

（4）调用父类__init__( )方法有两种格式：①super().__init__()，这种形式只调用父类 1 的__init__()方法；②父类名.__init__(self)。

（5）子类与父类有相同的方法，但功能不同时，重写父类同名方法即可。

（6）使用继承的好处之一是可以代码复用、提高效率。

知识拓展：如果要判断对象是什么数据类型，可以用 type 和 isinstance 函数。

6.4.2　多　态

多态是指同一个对象在不同的情况下，有不同的状态。由于 Python 的变量不需要声明类型，所以从严格意义上说 Python 并不支持多态，但是可以模拟多态。

本章小结

通过本章的学习，我们了解了面向对象编程技术中类的概念和使用方法。本章详细介绍了封装、继承的相关内容，但是，这些只是面向对象编程的入门知识，这些知识的具体运用体现在第 8 章的“模拟牧场救援游戏”中。当然，并不是所有程序都需要面向对象，如果面向过程编程能够轻松实现的，就不必使用类。

练习题

一、填空

1. 面向对象程序设计的三大特性是________、________、________。

2. 如果不允许外部访问类的内部数据，可以给内部属性添加_____个下划线。

3. Python3 中默认继承___________类，它是所有类的基类（父类）。

4. 在定义类时，实例方法的第一个参数习惯性写成________，而类方法的第一个参数习惯性写成________。

5. 属性分为类属性和实例属性，实例对象_____访问类属性。

二、程序设计

1. 请你定义一个学生（Student）类，给定姓名（name）、年龄（age）等私有属性（可通过 get 和 set 方法进行访问），并设定至少一个方法（如 playBasketball 等），并实例化一个学生实例。

2. 猜数字游戏：一个类 ClsA 有一个成员变量 num，设定一个初值(如 64)。定义一个类 ClsB，对 ClsA 的成员变量 num 进行猜。如果输入的数字大了则提示大了，小了则提示小了，等于则提示“猜测成功”。

3. 请定义一个汽车工具(Vehicle)的类，其中属性有速度（speed）、体积(volume)、车牌编号（number）、颜色（color）等，方法有移动（move( )）、设置速度（setSpeed(int speed)）、体积（setSize(int size)）、加速（speedUp( )）、减速（speedDown( )）等。

实例化一个 Vehicle，并使用它的加速、减速方法。

4. 在第 3 题基础上，定义一个新类 Car 继承 Vehicle，重写加速（speedUp()）和（speedDown()）功能，使加速和减速为 Vehicle 的 2 倍，并重新实例化一个 Car 实例。根据物理学知识，在初始速度下加速 5 s 后匀速运行 1 min，能够运行多少米?

第 7 章　文件及目录操作

在前面，我们编写的程序运行结束后数据就会丢失，有时我们希望将程序的运行结果保存到文件中，也希望处理一些磁盘上已经存在的文件。为满足这种需求，就需要掌握文件及目录的相关操作，本章将介绍 Python 中如何进行文件及目录的操作。

7.1　文件操作

对文件的主要操作有创建文件、打开文件、读取文件内容、向文件中写入内容、关闭文件等。

7.1.1　创建和打开文件

Python 提供了内建函数 open( )，可用于创建和打开文件。基本语法格式如下：

```
file = open(filename[,mode][,buffering][, encoding])
```

filename：文件名称。mode：打开模式，可选参数。buffering：对文件读写的缓存模式，可选参数，值为 0、1 或大于 1 的整数，0 表示不缓存，1 表示缓存，其他值表示缓冲区的大小，默认为缓存模式。encoding：编码方式。file：文件对象。

例子：

```
>>>file = open(r'd:\123.txt')                #字符串前面的 r 是使字符串中的\不转义
```

以只读模式打开 d:\123.txt 文件并创建文件对象，用变量 file 指向该文件对象。对文件的操作，就使用文件对象提供的方法即可。下面介绍 mode 的取值，如表 7.1 所示。

表 7.1　mode 参数的可能值

值	意　义
r	以只读方式打开文件，文件的指针将会放在文件的开头。这是默认模式
r+	打开一个文件用于读写。文件指针将会放在文件的开头
rb	以二进制格式打开一个文件用于只读。文件指针将会放在文件的开头，一般用于非文本文件，如声音文件
rb+	以二进制格式打开一个文件用于读写。文件指针将会放在文件的开头

续表

值	意　义
w	以只写方式打开文件，文件原有内容会被删除
w+	打开一个文件用于读写，文件原有内容会被删除
wb	以二进制格式打开一个文件只用于写入
wb+	以二进制格式打开一个文件用于读写
a	打开一个文件用于追加
a+	打开一个文件用于读写
ab	以二进制格式打开一个文件用于追加
ab+	以二进制格式打开一个文件用于读写

规律：模式是由 r、w、a 后面跟+、b、b+组成的。模式中凡是包含 r 的文件必须存在；模式中凡是包含 w 的如果文件存在则覆盖，不存在就创建新文件；模式中凡是包含 a 的如果文件存在则追加，不存在就创建新文件；模式中凡是包含 b 的表示以二进制格式打开，不包含 b 的是以文本文件方式打开；模式中凡是包含+的表示用于读写。

拓展阅读：文本文件与二进制文件的区别：它们的区别就是编码方式不同，文本文件是基于字符编码，二进制文件是基于值编码。

7.1.2　关闭文件

当一个文件被打开后，对文件操作的结果将会放到文件缓冲区中，比如增加了新的内容，如果操作完成后不进行关闭，这些增加的内容就不会被写入文件中，从而造成不必要的破坏，因此要及时关闭文件。关闭文件的语法为：file.close()，file 表示文件对象。

另一方面，如果在打开文件时或对文件的操作过程中遇到了错误，则不能使用 file.close()来关闭文件。为了避免这类问题的发生，Python 提供了 with 语句来保证不论异常是否发生，with 语句执行完毕后文件都能关闭。with 语句的基本语法格式如下：

```
with 表达式 as 对象:
    语句块
```

例子：

```
with open(r'd:\123.txt','w') as file
    file.write('人生苦短，我学 Python')
```

无须使用 file.close( )也可以关闭文件。建议使用这种方式打开文件进行操作。

7.1.3　读取文件

当文件被以读方式打开后，就可以对文件进行读操作了，可以读取指定长度的字符，读取一行或所有行，如表 7.2 所示。

表 7.2　文件对象提供的常用读写方法

方法名称	语　法	描　述
readline	file. readline([size])	操作文本文件时 size 为字符，操作二进制文件时 seze 为字节，读取 size 个数据，省略 size 或 size 大于一行的数据时，读取一行，返回的是一个字符串对象
read	file.read([size])	操作文本文件时 size 为字符，操作二进制文件时 size 为字节，读取 size 个数据，省略 size 时，读取全部数据。返回的是一个字符串对象
readlines	file.readlines([size])	操作文本文件时 size 为字符，操作二进制文件时 size 为字节，读取大约 size 个数据，省略 size 时，读取全部数据，以字符串列表返回
write	file.write(str)	向文件中写入指定字符串
writelines	file.writelines(seq)	将字符串序列迭代后写入文件
tell	file.tell()	以字节为单位，返回文件的当前位置，即文件指针当前位置
seek	file.seek(offset[,whence])	文件指针移动 offset 字节。whence 为 0 时，从文件头开始，为 1 时从当前位置开始，为 2 时从文件末尾开始。对于文本文件，whence 只能为 0
close	file.close()	关闭文件
flush	file.flush()	将缓冲区中的数据立刻写入文件，同时清空缓冲区
truncate	file.truncate([size])	从文件开头开始截断文件
next	Python3 不支持 file.next()	Python3 用 next(file)获取下一项

例子：构造内容类似下面两行数据的文本文件（文件名 test.txt，与当前 py 文件放在同一目录下）。读入文件内容，并计算所有数值之和。

1,2,3,4,5,6,7,8,9

1,8,7,3,4,2,1,2,3,7,8

程序代码如下：

```
# _*_ coding:utf-8 _*_
sum = 0
with open(r'test.txt','r') as file:
    while True:
        line = file.readline()
        if line == '':
            break
        for i in line.split(','):
```

```
        sum += int(i)
print(sum)
```

通过这个例子，我们学会了一种构造测试数据的方法，即将测试数据放在外部文件中，免去了每次都需要逐个输入数据的麻烦。如果需要构造成千上万个测试数据，可以用随机函数生成数据。

如果尝试读取一个二进制文件，你会看到类似于“\x00\x00\x00\x00U^TALB\x00”的信息，没有任何意义。解析二进制文件时必须知道文件的数据结构，了解每个字节代表的意义，才能正确解析，通常二进制文件都是由对应的工具软件读取。

7.1.4 写入文件

向文件写入数据，使用文件对象的 write( )方法。语法格式如下：

```
file.write(str)
```

str：要写入的字符串。file：打开的文件对象。

例 1：从键盘输入一行数据，然后保存到文件中，假设文件名为 save_test.txt。

程序代码如下：

```
# _*_ coding:utf-8 _*_
with open(r'd:\save_test.txt','w') as file:
    string = input("请输入你要保存的数据：")
    file.write(string)
    file.flush()                        #将缓存区数据写入文件
print("数据已保存！")
```

说明：使用文件对象的 writelines( )方法，可以将字符串序列迭代后写入文件。如果希望以追加方式写入字符串要以 a 模式打开文件。

如果需要保存敏感信息（如用户名、登录密码），最好不要使用文本文件保存。

7.1.5 动手实践

字符串替换：将文本文件中的原字符串替换为目标字符串。

输入格式：文件名　原字符串　目标字符串

算法分析：问题可以划分为 3 个步骤——获取用户输入、以读方式打开文件并读取所有内容到内存、以写方式打开文件并在替换后写入文件。

程序实现代码如下：

```
# _*_ coding:utf-8 _*_
opera_word = input("请输入文件名、原字符串、目标字符串：").strip().split()
filename = opera_word[0]
```

```
source_word = opera_word[1]
target_word = opera_word[2]
with open(filename,'r') as file:
    old_lines = file.readlines()
with open(filename,'w') as file:
    for line in old_lines:
        new_line = line.replace(source_word,target_word)
        file.write(new_line)
```

完成过程的思路较简单，但是，需要两次打开文件才能完成，操作耗时。下面给出只需打开一次的解决方法：

```
# _*_ coding:utf-8 _*_
opera_word = input("请输入文件名、原字符串、目标字符串：").strip().split()
filename = opera_word[0]
source_word = opera_word[1]
target_word = opera_word[2]
with open(filename,'r+') as file:
    old_lines = file.readlines()
    file.seek(0)
    file.truncate()
    for line in old_lines:
        new_line = line.replace(source_word,target_word)
        file.write(new_line)
```

修改之后的代码主要是 file.seek(0)、file.truncate( )，功能是删除所有内容。这两种方式的共同点是先读取所有内容，然后从文件开始处写入内容。更好的方法是使用 fileinput 模块实现，请同学们自行查找相关资源学习。

7.2 目录操作

目录也叫文件夹，通过目录可以对文件进行分类存放，方便查找文件。Python 没有提供内置函数用于对目录进行操作，通常是使用内置的 os 模块实现。

对目录的主要操作有创建目录、删除目录、遍历目录。

7.2.1 路径

计算机中把标识一个文件或目录的位置的字符串叫作路径。路径类似于我们的家庭住址。如 Windows 平台下的 c:\system32\driver，linux 平台下的/usr/local/src。路径包括相对路径和绝对路径两种。说明：Windows 平台下路径也可以使用 c:/system32/driver，为了统一，后面的介绍中都使用“/”，“/”理解为“里面”。

1. 相对路径

首先说明什么是当前工作目录，当前工作目录是指当前文件所在的目录。当前工作目录用点“.”表示。相对路径是指从当前工作目录开始的路径，如在当前工作目录有一个名为“test.py”文件，则其相对路径表示为：“./test.py”。如在当前工作目录下有一个目录“script”，在目录“script”下有一个名为“test.py”文件，则其相对路径表示为：“./script/test.py”。

2. 绝对路径

绝对路径是指从根开始的路径。Windows 平台下的根是盘符，linux 平台下的根是“/”。

3. 路径的获取与拼接

os 是 Python 的内置模块，是一个用于访问操作系统功能的模块。在使用前需要使用 import os 语句导入。表 7.3 列出了 os 模块提供的常用方法。

表 7.3　os 模块提供的常用方法

方法名称	语　法	描　述
name	os.name	判断当前正在使用的平台，Windows 返回'nt'; Linux 返回'posix',Mac OS 返回'Unix'
getcwd	os.getcwd()	得到当前工作的目录
listdir	os. listdir(path)	返回指定目录下所有的文件名和目录名
remove	os. remove(filename)	删除指定文件
rename	os.rename(src,dst)	重命名目录或文件
rmdir	os.rmdir(dirname)	删除指定目录
mkdir	os. mkdir(dirname)	创建目录
makedirs	os. makedirs (path1/path2/…)	创建多级目录
removedirs	os. removedirs(path1/path2/…)	删除多级目录
chdir	os.chdir(path)	把 path 设为当前工作目录
walk	os.walk(top)	遍历目录树
startfile	os.startfile(path[,operation])	使用关联的应用程序打开 path 文件
abspath	os.path.abspath(path)	获取绝对路径
exists	os.path.exists(path)	判断文件或目录是否存在

续表

方法名称	语　法	描　述
join	os.path.join(path,name)	拼接目录与目录或文件名
splitext	os.path.splitext(filename)	分离文件名与扩展名
basename	os.path. basename(path)	从路径中提取文件名
dirname	os.path. dirname(path)	从路径中提取不包括文件名的路径
isdir	os.path.isdir(path)	判断是否为真实存在的路径
isfile	os.path.isfile(path)	判断是否为真实存在的文件

实践：请在 IDLE 的交互模式下运行如下代码：

```
>>>import os
>>>os.name
>>>os.getcwd()
>>>os. listdir()
>>>os.linesep
>>>os.sep
>>>os.path
```

如果需要把多个路径拼接起来组成一个新路径，使用 os.path.join()方式实现，基本语法格式如下：

```
os.path.join(path1,path2,…)
```

path1,path2,…表示要拼接的路径，如果这些路径中存在绝对路径，则以最后一个绝对路径开始拼接，如果都是相对路径则拼接得到的也是一个相对路径。

例子：

```
>>>os.path.join('/aa/bb/','d:/')                    #d:/
>>>os.path.join('./aa/bb/cc','./dd/ee')             # ./aa/bb/cc/./dd/ee
```

说明：由于拼接的路径中可能有绝对路径，所以不要使用字符串拼接。

7.2.2　创建目录

os 模块提供了两个创建目录的方法 mkdir( )和 makedirs( )，分别用于创建一级目录和多级目录。

1. 创建一级目录

创建一级目录是指一次只能创建一级目录，基本语法格式如下：

```
os.mkdir(path,mode=0o777)
```

path：目录名称，可以是相当路径，也可以是绝对路径。

mode：访问权限，在非 unix 系统上将被忽略。

例子：

```
os.mkdir('./ipeg')                #将在当前目录下创建名称为 jpeg 的目录
```

说明：

（1）如果指定的路径包含多级目录，只创建最后一级目录，如果上级目录不存在，则会引发 FileNotFoundError 异常。

（2）如果要创建的目录（或同名的文件）已经存在，则会引发 FileExistsError 异常。

2. 创建多级目录

创建多级目录是指一次可以创建多级目录，基本语法格式如下：

```
os.makedirs(path,mode=0o777)
```

path：目录名称，可以是相对路径，也可以是绝对路径。

mode：访问权限，在非 unix 系统上将被忽略。

例子：

```
os.makedirs('c:/wwwroot/root/doc')        #将创建 c:/wwwroot/root/doc
```

如果要创建的目录（或同名的文件）已经存在，则会引发 FileExistsError 异常。为了屏蔽该异常出现，在创建目录前先判断目录是否已经存在。实现代码如下：

```
import os
path = 'c:/path'
if not os.path.exists(path):
    os.makedirs(path)
```

7.2.3　删除目录

使用 os 模块的 rmdir( )方法删除空目录，基本语法格式如下：

```
os.rmdir(oath)
```

path：要删除的目录，可以是相对路径，也可以是绝对路径。

例子：

```
os.rmdir('c:/wwwroot/root/doc')       #将删除 doc 目录
```

如果要删除的目录不存在会引发 FileNotFoundError 异常，如果不是空目录会引发 OSError 异常。可以使用内置模块 shutil 的 rmtree( ) 方法删除非空目录。

7.2.4　删除文件

使用 os 模块的 remove( )方法删除文件，基本语法格式如下：

```
os.remove(path)
```

path：要删除的文件路径，可以是相对路径，也可以是绝对路径。

例子：

```
os.remove('./test.py')          #将删除当前目录下的 test.py 文件
```

如果要删除的文件不存在会引发 FileNotFoundError 异常。为了屏蔽该异常出现，在删除文件前先判断文件是否已经存在。在同一路径下，可能会存在文件名与目录名相同的情况，为了区别是目录还是文件，使用 os 模块的 isdir( )和 isfile( )判断。具体参见后面的动手实践。

7.2.5　重命名文件和目录

使用 os 模块的 rename( )方法重命名文件或目录，基本语法格式如下：

```
os.rename(src,dst)
```

src：需要重命名的文件或目录。

dst：重命名后的文件或目录。

如果要重命名的文件或目录不存在会引发 FileNotFoundError 异常，如果目标文件名或目录名与现有的文件名或目录名同名会引发 FileExistsError 异常，为了屏蔽异常出现，在操作前先判断原文件或目录及目标文件或目录是否存在。

例子：

```
import os
srcpath = 'c:/wwwroot/a'
dstpath = 'c/wwwroot/b'
if os.path.exists(srcpath) and not os.path.exists(dstpath):
    os.rename(srcpath, dstpath)
```

7.2.6　遍历目录

使用 os 模块的 walk( )方法可以遍历目录，基本语法格式如下：

```
os.walk(top[,topdown])
```

top：要遍历的根目录，可以是相对路径，也可以是绝对路径。

topdown：可选参数，用于指定遍历顺序，True 表示先遍历父目录，再遍历子目录，False 表示先遍历子目录，再遍历父目录。

返回值：一个包含 3 个元素（path,dirs,files）的元组生成器对象。path：当前路径；dirs：当前路径下子目录列表；files：当前路径下的文件列表。

生成器是指仅保存生成算法而不实际生成元素的对象。

例子：

```
# _*_ coding:utf-8 _*_
```

```
import os
path = "c:\java"                                  #请按实际情况修改
for root,dirs,files in os.walk(path):
        for dir in dirs:
                print("目录：{}".format(os.path.join(root,dir)))
        for file in files:
                print("文件：{}".format(os.path.join(root,file)))
```

可能的输出：

目录：c:\java\bin

目录：c:\java\lib

文件：c:\java\COPYRIGHT

文件：c:\java\LICENSE

文件：c:\java\README.txt

文件：c:\java\release

文件：c:\java\THIRDPARTYLICENSEREADME-JAVAFX.txt

文件：c:\java\THIRDPARTYLICENSEREADME.txt

7.2.7　获取文件基本信息

计算机上的每个文件都包含了一些基本信息，如创建时间、最后修改时间、最后访问时间、文件大小等信息，在 Python 中，通过 os 模块的 stat( )方法可以获取文件的这些基本信息，基本语法格式如下：

```
os.stat(path)
```

path：要获取基本信息的文件路径，可以是相对路径，也可以是绝对路径。

返回值是一个 stat_result 对象，使用“对象.属性”获取具体信息，如表 7.4 所示。

表 7.4　stat_result 对象的属性

属　性	说　明	属　性	说　明
st_mode	保护模式	st_gid	组 ID
st_ino	索引号	st_size	文件大小，单位为字节
st_dev	设备名	st_atime	最后一次访问时间
st_nlink	硬链接数	st_mtime	最后一次修改时间
st_uid	用户 ID	st_ctime	文件的创建时间

例子：查看当前目录下 test.py 的基本信息，实现代码如下：

```
# _*_ coding:utf-8 _*_
import time
```

```
import os
def formattime(utime):
        return time.strftime('%Y-%m-%d %H:%M:%S',time.localtime(utime))
file_info = os.stat(./test.py')
print('保护模式：',file_info.st_mode)
print('索引号：',file_info.st_ino)
print('设备名：',file_info.st_dev)
print('硬链接数：',file_info.st_nlink)
print('用户 ID：',file_info.st_uid)
print('组 ID：',file_info.st_gid)
print('文件大小：',file_info.st_size)
print('最后一次访问时间：',formattime(file_info.st_atime))
print('最后一次修改时间：',formattime(file_info.st_mtime))
print('文件的创建时间：',formattime(file_info.st_ctime))
```

输出结果：

保护模式：16895

索引号：1970324837462416

设备名：2226649119

硬链接数：1

用户 ID：0

组 ID：0

文件大小：1674

最后一次访问时间：2018-09-23 09:43:08

最后一次修改时间：2018-09-23 09:43:08

文件的创建时间：2018-09-23 09:43:08

说明：formattime 函数是将 Unix 时间转换为我们熟悉的日期时间格式。

7.2.8 动手实践

删除非空目录：仅使用 os 模块删除一个非空目录。假设需要删除的目录名为 test，其下可能有若干文件及目录，每个目录下可能还有若干文件及目录。

算法分析：由于 os.rmdir()只能删除空目录，所有在删除目录之前必须先删除里面的所有子目录和文件，子目录里面可能还有子目录和文件，……，适合使用递归实现。

程序代码如下：

```
# _*_ coding:utf-8 _*_
import os
```

```
def deldir(path):
    f_list = os.listdir(path)
    if len(f_list) > 0:                                  #判断是否为空目录
        for item in f_list:
            if os.path.isfile(os.path.join(path,item)):
                os.remove(os.path.join(path,item))       #是文件，直接删除
            elif os.path.isdir(os.path.join(path,item)):
                deldir(os.path.join(path,item))          #是目录，递归删除
    os.rmdir(path)                                       #删除目录
path = "./test"                                          #请根据实际修改
deldir(path)
```

7.3　shutil 模块简介

shutil 是 Python 提供的一个内置模块，主要用于文件的移动、复制、打包、压缩、解压等。本节我们仅列出了 shutil 模块的常用方法，如表 7.5 所示。

表 7.5　shutil 模块的常用方法

方法名称	语　法	简　述
copyfileobj	shutil.copyfile(src,dst [, length])	复制指定长度的文件内容
copyfile	shutil.copyfile(src,dst)	复制文件内容
copy	shutil.copy(src,dst)	复制文件的内容及权限
copy2	shutil.copy2(src,dst)	复制文件的内容以及文件的所有状态信息
copymode	shutil.copymode (src,dst)	仅复制权限，不更改文件内容，组和用户
copytree	shutil.copytree(src,dst)	递归复制文件内容及状态信息
move	shutil.move(src,dst)	将 src 文件或文件夹移动到 des 中
rmtree	shutil.rmtree(path)	递归删除目录
make_archive	shutil.make_archive(name, format, root_dir)	压缩打包
unpack_archive	shutil.unpack_archive(name)	解压文件
disk_usage	shutil.disk_usage('.')	获取磁盘使用空间

在使用 shutil 模块前，需要使用 import shutil 导入。

本章小结

本章介绍了使用内置函数 open( )、内置模块 os 对文件及目录的一些基本操作。开发任何一个系统都必然要与文件和目录打交道，熟练掌握这些操作是设计程序的基本功。需要注意的是，os 模块还有很多方法我们并未列出。在实际开发中有时还需要引入其他模块才能更高效地完成工作，如 shutil 模块。

在 IDLE 的交互模式下使用 help（模块名）可以查看模块的所有信息。

练习题

对文件和目录的操作有风险，请首先构造用于实验的文件和目录，再完成下面各题。

1. 请把某个目录下的扩展名为 txt 的文件中追加一行‘被我找到了’，如果没有找到文件则输出“没有找到文件”，否则输出“已追加文件 X 个”。

输出格式：

没有找到文件

已追加文件 X 个

2. 统计某个目录下文件数和子目录数（含子目录）。

输出格式：

目录数：5

文件数：2

3. 查找某个目录下是否存在某个文件名（含子目录）。如果存在则输出路径，否则输出“未找到”。

输出格式：

未找到

c:/www/ww/

4. 按时间顺序输出某个目录下的子目录名和文件名的部分信息。

输出格式：

文件名	修改日期	大小
f	2018-07-02	
1.txt	2018-07-01	234KB

第 8 章　综合实践项目经典案例

本章将使用前面所学过的知识，基于项目学习学历案的方式，设计编写一些在我们生活、学习过程中的应用，通过这些应用的编写：一是可以综合应用前面章节的知识；二是可以拓宽视野，激发兴趣。在这些案例中还需要使用其他第三方库，对这些库的介绍放到了本书的附录部分，请前往阅读。

8.1　项目一 绘制函数图像

8.1.1　项目学习学历案

表 8.1　项目学习学历案

序号	名称与课时	内容提示
1	项目名称与课时	绘制函数图像。2 课时
2	项目目标	感受 Matplotlib 库的强大绘图功能，掌握 Matplotlib 库中有关坐标系统中相关对象的设置技能，能根据要表现的数据特征合理刻画坐标轴，理解计算机绘制函数图像的原理
3	评价任务	能用 Numpy 库及函数表达式生成坐标集，并使用 Matplotlib 库绘制相应的函数图像。在此基础上，自己随便假设一个一元函数，能优雅地绘制出这个函数图像
4	学习过程	安装 Numpy 库、Matplotlib 库,阅读并实践附录中的 Numpy 库简介和 Matplotlib 库简介。然后自己尝试编写代码实现，最后参考书中提供的实现代码，比较总结
5	作业与检测	计算机绘制函数图像的方法就是描点法，在选取点的个数时需要注意什么？除了点的个数可以改变图像的外观外，还有哪些因素也可以改变图像的外观？
6	学后反思	为了使绘制出的函数图像更逼真，可以从哪些方面加以改进？Matplotlib 库不仅能绘制一元函数图像，还能绘制二元函数图像（三维）以及其他坐标系统的图像，为了绘制这样的图像，可能需要从哪些方面着手学习？

在数学课程中，需要研究函数的单调性、极值、奇偶性等性质，若从 $y=f(x)$ 出发进行研究，比较抽象。学习了计算机编程技术后，我们可以先编写画函数图像的程序，然后一边观察图像，一边从数学的角度进行验证，这样就容易得多。在 Python 中画图，

若使用 Numpy 和 Matplotlib 第三方库将非常方便。其原理是描点法，利用计算机具有高速运算的特点，我们使两个点之间的距离足够近，就能很逼真地模拟函数图像。

8.1.2 案例解析

在 Python 中，matplotlib 库具有强大的数据表现能力，能轻松绘制绝大多数图表。绘制图表的流程可分为这几个步骤：① 根据函数表达式生成 x, y 坐标；② 设置坐标轴属性；③ 画函数图像；④ 显示图像。其中，最关键的步骤是根据函数表达式生成 x, y 坐标。下面给出的是画函数 $y = 2x^2 + 3x - 4$ 图像的程序代码：

```
import numpy as np
import matplotlib.pyplot as plt
#根据函数表达式构造 x,y 坐标
x=np.arange(-6,5,0.01)
y=[2*i**2+3*i-4 for i in x]
#使 x,y 轴的 0 点重合
x=plt.gca()
ax.spines['right'].set_color('none')
ax.spines['top'].set_color('none')
ax.spines['bottom'].set_position(('data',0))
ax.spines['left'].set_position(('data',0))
plt.xticks([-5,-4,-3,-2,-1,1,2,3,4,5])                    #设置 x，y 轴的刻度标注
plt.plot(x,y)                                              #画函数图像
plt.show()                                                 #显示图像
```

运行结果如图 8.1 所示。

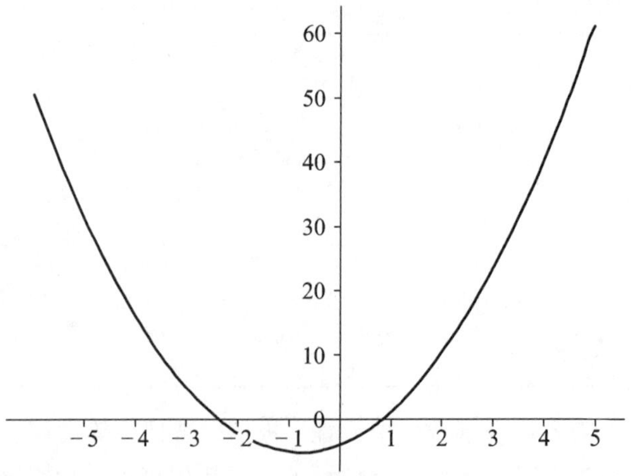

图 8.1 运行结果

8.2　项目二 爬取汽车票

8.2.1　项目学习学历案

表 8.2　项目学习学历案

序号	名称与课时	内容提示
1	项目名称与课时	开发一个蜘蛛程序，爬取汽车票。3 课时
2	项目目标	通过项目的实践，能从没有设置反爬功能的网站中下载 HTML 源码，初步了解 HTML 文档结构，掌握 bs4 从 HTML 文档中提取需要的信息的方法，体会用面向对象的思想编写爬虫程序的框架和主要过程
3	评价任务	能下载携程 HTML 源代码，并能从 HTML 源码中正确分析出关于车票的 HTML 代码；能用面向对象编程的思想编写程序；能以清晰易懂的格式输出爬取结果
4	学习过程	安装 Requests 库、Beautiful Soup 库，阅读并实践附录中的 Requests 库简介和 Beautiful Soup 库简介。然后按照自顶向下设计原则，搭建主框架，在需要实现具体功能的地方使用占位语句 pass 代替，再逐一编写类方法，最后参考书中提供的实现代码，比较总结
5	作业与检测	写出设计爬虫程序的步骤，面向对象编程比面向过程编程有哪些优点？
6	学后反思	编写爬虫程序的难点是什么？在这个项目中我们针对携程 HTML 的结构特点爬取了车票信息，但不同网站的 HTML 结构肯定是不一致的，能否编写一个比较通用的爬虫呢？

“百度一下”也许是我们用得较多的操作。那么百度上那些资源是怎么来的呢？实际上，所有的搜索引擎都有一个称为“网络蜘蛛”的工具，这个工具会定时或不定时地从其他网站上读取信息，并对读取到的信息经过特定的分类算法保存到搜索区供用户搜索。使用 Python，也能编写“网络蜘蛛”爬取其他网站信息。在这个案例中我们编写一个从携程网爬取汽车票的“小蜘蛛”。（携程网查询汽车票的网址：http://bus.ctrip.com/ busListn.html）

程序运行后，用户输入出发地名称、目的地名称、日期，程序显示爬取结果并将结果保存到文本文件（ctrip _car_info.txt）中。

输入样例：

请输入出发地、目的地、日期(日期格式:2018-10-10，用空格隔开)：德江 贵阳 2018-10-11

输出样例：

发车时间	起点站/终点站	车型	票价
08:00	德江客运站/贵阳客运东站	中型座席高一级	¥100.00
09:30	德江客运站/贵阳客运东站	中型座席高一级	¥100.00

……………………………………………………

8.2.2 解　析

1. 爬虫程序编写思路

网络爬虫的基本工作流程是：获取一个 URL，读取 URL 的源码，从源码中解析出新的 URL，将这些新的 URL 放到 URL 的队列中，逐一读取 URL 的源码，再次解析出新的 URL 放入 URL 队列中，如此反复，直到 URL 队列为空，爬取过程结束。

当成功从服务器上载入 HTML 代码后，往往需要分析这些代码，分析所需要的数据信息是在哪个节点下面，然后再使用正则表达式或第三方模块去提取信息。尽管使用正则表达式具有较高的效率，但正则表达式的书写是一件很复杂的工作，所以往往是通过第三方模块来解决，这也是戏称 Python 为“胶水语言”的原因之一。在这个案例中，我们使用 BeautifulSoup 库来提取信息。（先安装 requests 和 beautifulsoup4：pip install requests pip，　install beautifulsoup4）

2. 搭建主框架

```
# _*_ coding:utf-8 _*_
import sys,os,re,requests
from bs4 import BeautifulSoup

class Ticket(object):
    def __init__(self,time,station,cartype,price):
        self.time = str(time)               #发车时间
        self.station = str(station)         #起点站/终点站
        self.cartype = str(cartype)         #车型
        self.price = str(price)             #票价

class SpiderTicket(object):
    def __init__(self,data):
        self.url = http://bus.ctrip.com/busListn.html     #欲爬取的网址
        self.data = data                                  #参数
        self.soup = None                                  #解析后的源码
        self.state = 0                                    #程序运行状态
        self.error_info = None                            #错误信息
        self.result = []                                  #爬取的结果
```

```
    def down_data(self):
        """获取资源"""
        pass
    def parse_data(self):
        """解析 HTML 代码"""
        pass
    def disp_data(self):
        """显示数据信息"""
        pass

    def save_data(self):
        """保存信息到文本文件中"""
        pass

def main():
    while True:
      try:
        source,to,date = input('请输入出发地、目的地、日期(日期格式:
                        2018-10-10，用空格隔开)：').strip().split()
        if not re.match(r"^\d{4}-\d{2}-\d{2}$",date):
            raise ValueError
        break;
      except:
        print("输入有误！请重新输入")
    st = SpiderTicket({'from':source,'to':to ,'date':date})
    st.down_data()
    st.parse_data()
    st.disp_data()
    st.save_data()
if __name__ == "__main__":
    main()
```

3. 完善获取资源方法

修改 SpiderTicket 类的 down_data( )方法。

```
def down_data(self):
        """获取资源"""
try:
    response = requests.get(self.url,self.data)
    response.raise_for_status()                    #如果发生错误，引发异常
    self.soup = BeautifulSoup(response.text,features="html.parser") #构造 bs 对象
except Exception   as e:
    self.state = 1
    self.error_info = "请求资源时发生了错误，程序终止运行。"
```

4. 完善解析 HTML 代码方法

修改 SpiderTicket 类的 parse_data ( )方法。

知识拓展：使用浏览器的“开发者工具”可以快速找到页面元素对应的代码。

这一步是编写爬虫程序的核心步骤，需要分析被爬取网页的代码结构，设计、优化解析逻辑，编写代码。下面是从 HTML 源码中摘抄的关于车票信息的部分代码。

```
<table class="tb_railway_list nolayout" id="table" width="100%">
    <tbody>
     <tr>
    <th width="17%"><a href="javascript:void(0);" id="" class="or_up current f_sort_list" sort_name="from_time" onclick="return sortObj(this);">发/到时间<b class="icon_arrow_up"></b></a></th>
    <th width="20%">发/到站</th>
    <th width="18%">车型/耗时</th>
    <th width="17%" class="price"><a href="javascript:void(0);" class="px_up f_sort_list" sort_name="full_price" onclick="return sortObj(this);">票价<b class="icon_arrow_up"></b></a></th>
    <th width="28%"></th>
  </tr>
  <!--推荐火车票 start-->
  <tr class="recom" id="tuijian_train"></tr>
  <!--推荐火车票 end-->
  <!--推荐玩乐 start-->
  <tr class="recom" id="tuijian_wanle"></tr>
  <!--推荐玩乐 end-->
<tr>
    <td class="time_box"> <span class="railway_time">09:30</span><br/></td>
```

```
18        <td><span    class="icon_start"></span> 德 江 客 运 站 <br/><span class="icon_end" ></span>贵阳客运东站</td>
19    <td>中型座席高一级<br/></td>
20    <td class="price" style="position: relative">
21      <div class="railway_seat">
22         <div class="price_r">
23            <dfn>¥</dfn><span class="base_price base_full_price">100.00</span>
24         </div>
25      </div>
26    </td>
27   <td class="text_right">
          <input type="button" class="btn_book goBook" data-params="{mustLogin:false,symbol:'rUaI6k6Z1hNESbmiXvmfp83E',from:'德江',fromStation:'德江客运站',to:'贵阳',toStation:'贵阳',busNo:'6038037',date:'2018-10-12',time:'16:00',hashkey:'3272fe85dc4dd875f851e4d039ba7a42',return_type:'',discount_count:'',discount_price:'',active_stop_flag:'',vendor_activity_id:'',active_start_dttm:'',active_end_dttm:'',vendor_activity_flag:'0',vendor:'',data_source:''}" value="预订">
28   </td>
29 </tr>
#省略类似 16—29 行的若干行代码
30   </tbody>
31 </table>
```

可以看出，需要的信息全部是在一个表格（table）中，16 ~ 29 行是一个班次的信息，如果有多个班次，那么类似 16 ~ 29 行就有多少个，因此先使用 BeautifulSoup 的 select( )方法筛选出所有行（tr）（第一行为表头，第二行、第三行为空），提取出第四行及以后的信息。代码如下：

```
tag_group =self.soup.select("table > tr")   #筛选第一个标签为 table 的所有子节点 tr
for index,subitem in enumerate(tag_group):
        if index <3:                            #忽略前面 3 行
            continue
```

提取每行的前 4 列内容，代码为：

```
td_time = subitem.td
td_station = td_time.find_next_sibling()
td_cartype = td_station.find_next_sibling()
td_price = td_cartype.find_next_sibling()
```

```
time = td_time.span.string
station ="/".join(td_station.stripped_strings)
cartype = ''.join(td_cartype.stripped_strings)
price = td_price.span.string    #价格
```

最后得出 parse_data( )方法的完整代码为：

```
def parse_data(self):
        """解析 HTML 代码"""
    if self.state:                                  #若请求资源时发生了错误
        return
    tag_group =self.soup.select ("table > tr")    #筛选第一个标签为 table 的所有子节点 tr
    for index,subitem in enumerate(tag_group):
        if index <3:                                #忽略前面 3 行
            continue
        td_time = subitem.td                        #时间标签
        td_station = td_time.find_next_sibling()    #起点站/终点站标签
        td_cartype = td_station.find_next_sibling() #车型标签
        td_price = td_cartype.find_next_sibling()   #价格标签

    time = td_time.span.string
        station ="/".join(td_station.stripped_strings)
        cartype = ''.join(td_cartype.stripped_strings)
        price = td_price.span.string    #价格
        self.result.append(Ticket(time,station,cartype,'¥'+price))
    if len(self.result) == 0:
        self.state = 1
        self.error_info = "未能采集到任何数据。"
```

5. 完善解析显示数据、保存数据的方法

```
修改 SpiderTicket 类的 disp_data ( )、save_data ( ) 方法。
def disp_data(self):
    """显示数据信息"""
    if self.state:
        print(self.error_info)
    else:
```

```
            print("时间".center(6,' '),"起点站/终点站".center(30,' '),"车型".center(20,'
'),"票价".center(6,' '))
        for item in self.result:
            print(item.time.center(6,' '),item.station.center(30,' '),item.cartype.center(20,'
'),item.price.center(6,' '))

    def save_data(self):
            """保存信息到文本文件中"""
            if self.state:return
            with open(r'ctrip _car_info.txt','w',encoding='utf-8') as file:
                    file.write("发车时间\t 起点站/终点站\t\t\t 车型\t\t 票价\n")
                    for item in self.result:
                    file.write(item.time+"\t"+item.station+"\t"+item.cartype+"\t"+item.
                    price+'\n')
```

这是一个非常简单的爬虫案例，真正的爬虫程序要考虑的问题还有很多，同时用 Python 做爬虫工具还有很多更好的框架，如 scrapy、crawley、PySpider 等。

8.3　项目三　用机器学习预测泰坦尼克号邮轮乘客的生死

8.3.1　项目学习学历案

表 8.3　项目学习学历案

序号	名称与课时	内容提示
1	项目名称与课时	用机器学习预测泰坦尼克号邮轮乘客的生死。学习这个项目，你可以了解目前机器学习的本质，站在巨人的肩膀上，写一个真正的人工智能（机器学习）程序，从而消除你对人工智能技术的恐惧感。你还可能举一反三，写几个其他的人工智能应用。3 课时
2	项目目标	期望你能通过完成这个真正的人工智能程序，了解人工智能机器学习的基本原理，掌握开发人工智能应用项目的一般过程。提升自己的计算思维等核心素养
3	评价任务	能用 sklearn 的“决策树”模型（无须理解内部算法，直接调用）与训练数据生成一个统计模型（预测模型）；能用测试数据检验你的预测模型。你能仿照这种方法与步骤，设计一个其他机器学习应用吗？

续表

序号	名称与课时	内容提示
4	学习过程	这个项目的代码需要在 notebook 服务器环境运行。安装 sklearn 库、notebook 库、seaborn 库、numpy 库、pandas 库、warnings 库。如果你的系统已经安装了 anaconda3，使用 jupyter notebook 命令启动 notebook 服务器。按照顺序阅读，并按说明用 Python 的命令对数据做各种操作，其中的训练数据文件 train.csv 与检验数据文件 test.csv 均在统一的资源包里，无须再去亚马逊云服务器下载
5	作业与检测	目前的人工智能是机器会思考吗？它的实质是什么？用测试数据检验你的预测模型，改变一些测试数据看看准确度是达到多少？能用这种方法写一个其他的人工智能应用吗？
6	学后反思	你能总结完成这个项目的基本步骤吗？你认为这个项目最困难的地方是什么？应该特别注意的事项是什么？

8.3.2 项目简介

这个项目是用机器学习的方法判断泰坦尼克号邮轮（见图 8.2）上哪些乘客会存活，哪些乘客会遇难。我们想通过这个项目学习，消除你对人工智能技术的恐惧感，为此，我们今天要一起写一个真正的人工智能程序。

这里不是用假设性数据闹着玩，我们要用真实的数据和真实的算法，做一个真实的人工智能项目，预测泰坦尼克号邮轮上每一位乘客的生死。也就是说，我们使用的是泰坦尼克号邮轮上每一位乘客的真实数据，我们根据其中部分乘客数据，用机器学习的方法生成一个预测模型，然后就这个学习得到的模型，预测另一部分旅客中每个人是否活了下来，并与真实情况进行对比，看看准确度。

图 8.2 泰坦尼克号邮轮

8.3.3 理论准备

像很多电影里真人一样的人工智能，叫作“广义人工智能”，这种技术在可以预见的未来都不存在。现在大家用的都是“狭义人工智能”，而狭义人工智能的本质就是人们常说的“机器学习”。

所谓“机器学习”，并不是说机器有思想，它学会了一项技能。机器学习就是用一组数据建立一个统计模型，这个统计模型能对新的数据做出预言。输入数据越多越精确，模型能做的预言就越准确，就好像是它在不断地“学习”一样。数学家管这叫“统计模型”，计算机科学家给起了个名字叫“机器学习（Machine Learning，ML）”，媒体有时候管这叫“大数据”，而其实这就是现在科技圈说的“人工智能”。

8.3.4 数据分析

（该项目的所有数据、实现脚本代码下载地址为：http://i.tryz.net/html/2018/python/pythonjc.rar）

我们将获得的数据集中整理，共有 891 人，但是其中只有 714 人的年龄记录，没有年龄记录的我们已经用年龄的平均值代替。我们把标注数据集（891 人）按照随机划分 80%的记录作为训练集，20%作为验证集。其中 train.csv 为训练集（730 人），用来训练一个统计模型；test.csv 为验证集（161 人），用来检验这个模型的有效性。以下所有操作都是针对训练集进行的。

训练集中的每一行数据代表 1 位乘客的信息，每一行都有 12 项数据，分别对应每位乘客的以下属性：

编号、是否存活、舱位(头等舱、二等舱、三等舱)、乘客姓名、性别、年龄、在泰坦尼克号上有没有兄弟姐妹或者配偶、在泰坦尼克号上有没有父母或者子女、船票号码、买的船票价格、在船上住的房间编号、在英国哪个口岸上的船。

使用 Python，我们只要用一些简单的命令就可以对数据做各种操作。如我们想知道各个舱位都有多少乘客，可以用如下代码实现：

```
01 import pandas as pd                     #导入 pandas 库
02 import seaborn as sns                   #导入 seaborn 库
03 train_data = pd.read_csv('D:/titanicdata/train.csv')
                                           #装载训练集，路径根据实际情况修改
04 sns.set_style('whitegrid')              #设置 sns 的显示风格为“白色网格”
05 train_data.head()                       #查询数据的前 5 行
```

输出结果：

```
In[11]:import pandas as pd
       import seaborn as sns
```

```
train_data=pd. read_csv('d:/titanicdata/train.csv')
sns.set_style('whitegrid')
train_data. head()
```

out[11]:

	PassengerId	Survived	Pclass	Name	Sex	Age	SibSp	Parch	Ticket	Fare	Cabin	Embarked
0	1	0	3	Braund, Mr. Owen Harris	male	22.0	1	0	A/5 21171	7.2500	NaN	S
1	2	1	1	Cumings, Mrs. John Bradley(Florence Briggs Th …)	female	38.0	1	0	PC 17599	71.2833	C85	C
2	3	1	3	Heikkinen, Miss. Laina	female	26.0	0	0	STON/O2.3101282	7.9250	NaN	S
3	4	1	1	Futrelle,Mrs. Jacques Heath(Lily May Peel)	female	35.0	1	0	113803	53.1000	C123	S
4	5	0	3	Allen, Mr. William Henry	male	35.0	0	0	373450	8.0500	NaN	S

```
train_data["Pclass"].value_counts()     #对舱位进行分类统计
```

输出结果：

3　398　　　#三等舱人数

1　178　　　#头等舱人数

2　154　　　#二等舱人数

```
train_data["Survived"].value_counts()   #对乘客是否存活进行分类统计
```

输出结果：

0　445　　　#遇难人数

1　285　　　#存活人数

如果用频率表示概率，那么对于任意一位乘客，遇难的概率为60.9%。下面我们分别统计出男性和女性的遇难情况：

```
train_data["Survived"][train_data["Sex"] == 'male'].value_counts()      #男性
0    378        #378 人遇难
1    90         #90 人存活
train_data["Survived"][train_data["Sex"] == 'female'].value_counts()    #女性
1    195        #195 人存活
0    67         #67 人遇难
```

同理，对于任意一位男乘客，遇难的概率为81%，对于任意一位女乘客，遇难的概率26%。

8.3.5 让机器学习算法生成模型

要想进一步提高准确度，我们就要让机器学习算法。我们使用Python的机器学习库 Sklearn 来实现。由于涉及很多高深的知识，你现在不需要知道它的细节，直接调用就可以。

导入模块的语句：

```
from sklearn import tree,preprocessing
```

从上面的结果中可以看出，当用性别去评估（预测）时结果截然不同。那么，还有哪些指标可能对结果产生影响呢？这里我们仅考虑舱位、性别、年龄、船票费用这 4 个指标。下面是创建预测模型的代码：

```
01 from sklearn import tree,preprocessing
02 target = train_data["Survived"].values        #获取所有乘客是否遇难的数据
03 encoded_sex = preprocessing.LabelEncoder() #生成预处理工具
04 train_data.Sex = encoded_sex.fit_transform(train_data.Sex)
# 对标签做预处理，例如，将男(male) 处理为 0，将女(female) 处理为 1
# 因为后面的模型处理只能处理数字，所以需要对数据做预处理
05 features_one = train_data[["Pclass","Sex","Age","Fare"]].values
06 my_tree_one = tree.DecisionTreeClassifier().fit(features_one,target)   #训练模型
```

说明：

（1）如果想了解这些指标对结果的影响的相对重要性，可以查看模型的 feature_importances_属性值。例如，在这个模型中执行 print(my_tree_one.feature_ importances_)。

将输出：[0.11807187 0.30965723 0.23300241 0.33926848]，分别表示 Pclass 占 11.8%，Sex 占 31%，Age 占 23.3%，Fare 占 33.9%。可看出 Sex、Fare 对结果的影响更显著一些。

（2）如果想了解模型预测的准确度，可以查看模型的 score 属性值。例如，在这个模型中执行 print(my_tree_one.score)。

将输出：0.9794520547945206，表示准确率为 98%。

8.3.6　用测试数据检验模型

对模型的真正考验是使用验证集数据。验证集数据在训练集中不存在，没有参与训练，是新信息。我们要把这个 test.csv 数据拿过来，用刚才训练好的模型直接预测这些我们完全没接触过的乘客的存活情况。结果是，我们这个模型用于测试数据的准确度仍然高达 80%！验证代码如下：

```
01 test_data = pd.read_csv('d:/titanicdata/test.csv')
                                    #装载验证集，路径根据实际情况修改
02 test_data.Sex = encoded_sex.fit_transform(test_data.Sex)
03 test_features = test_data[["Pclass","Sex","Age","Fare"]].values
04 test_target = test_data["Survived"].values
```

```
05 print(my_tree_one.score(test_features,test_target))  #查看预测检验数据的准确度
```

输出：0.8074534161490683

我们使用这个模型来预测三等舱、女、20 岁、船票费用为 3455 的乘客是否会遇难：

```
01 import numpy as np
02 print(my_tree_one.predict(np.array([[3,1,20,3455]])))
```

输出：0，表示遇难。

8.3.7 算法总结

现在你已经完成了一次人工智能编程。回顾一下，整个步骤是这样的：

（1）把所有数据分成两组，一组用于训练，一组用于检验；

（2）数据都是数组，其中包括你想要预测的目标信息（是否存活），以及可能影响这个目标的各种信息；

（3）选择几个你认为最有可能影响目标的信息（舱位、性别、年龄、票价）；

（4）选择一个机器学习算法（“决策树”）；

（5）把目标和可能影响目标的几个信息作为数组变量输入算法，训练得到一个预测模型；

（6）把预测模型应用于检验数据，看看这个模型的准确度。

我们这里一点基础都没有，怎么能一下子就写一个机器学习程序呢？答案当然是因为你站在了巨人的肩膀上。现在机器学习的算法已经非常成熟，连专业人士都不需要自己从头到尾写一个算法，网上都有现成的。常用的机器学习算法大概有十几个，都做成了 Python 的库，我们可以直接调用。

8.3.8 思维拓展

学会了这个方法，使用现成的工具，只要有足够好的数据，你立即就可以搞几个人工智能应用。如一个信用卡公司有十万个用户的详细数据，包括年龄、收入、以往的购买记录、信用得分、还款记录等，那你就可以预测其中每一个人下个月按时还款的可能性。

不过我们今天的主要目的，还是体会现在所谓的“人工智能”到底是怎么回事儿。它仅仅是一个统计模型而已。从这个例子中我们可以得出两个洞见：

第一个洞见是，每个模型都会带来歧视。

泰坦尼克模型中对生死影响最重要的变量是船票价格。船票越贵，你存活的可能性就越高。那假设你是一个卖保险的，现在既然你知道买了高价票的人存活率高，将来他们不太可能找你理赔，那你为了多卖几份保险，是不是可以少收一点他们的保险费？

这就是区别定价，这就是价格歧视。你并不是歧视穷人也不是更爱富人，只不过

为了多赚点钱，你就会多收穷人的保险费，少收富人的保险费，你完全是理性的。可是，请问这合理吗？这道德吗？

第二个洞见是，人工智能真的不智能。

说白了，我们今天做的就是四项指标去预测一项指标而已。你完全可以想到还有很多别的因素对在泰坦尼克号上存活很重要，但是我们根本没考虑。

比如说，当时放救生艇的时候，船长的命令是"让女人和孩子上救生艇"，但是两侧放救生艇的人对命令的理解不一样。一个人的理解是优先让妇女儿童上，如果周围的妇女儿童都上了救生艇，还有空位，那就让男的也上。另外一个人的理解则是只让妇女儿童上救生艇，妇女儿童上完哪怕还有空位，也不让男性上，就直接把救生艇放下去。

那如此说来，一个男人能不能存活，跟他当时距离哪个救生艇的距离很有关系！但是我们根本就没有这项数据。

还有，在船即将沉没的一刹那还站在船头的人，如果你选择往远处猛跳，你就有可能存活下来；如果你不跳，沉船造成的旋涡就会把你拖下水，你就很可能遇难。所以最后一刻的跳法也决定了生死，但是这个跳法也没有包括在模型里面。

模型对泰坦尼克号邮轮上发生了什么一无所知，它根本不理解自己在干什么，本质上它的一切预测都是猜的——所谓机器学习，只不过是增加它猜对的概率而已。

但是，我们居然就做到了这么高的准确率。人工智能界对此有个专门的形容词，叫"unreasonably effective"，不合理的准确。如此粗糙的模型，它居然就能做到这么准确！

你可能对此非常感慨！但是当你的手机准确识别了你的语音的时候，当 AlphaGo 赢了柯洁的时候，你也有过这样的感慨。它们的算法更复杂，但是本质原理都是一样的。

战胜恐惧最好的办法就是，亲自做一遍，现在你至少知道你可以做到。现有的人工智能就是用统计方法增加猜测的准确度。人工智能就是机器学习。机器学习就是统计模型。

8.4　项目四　模拟牧场救援游戏

8.4.1　项目学习学历案

表 8.4　项目学习学历案

序号	名称与课时	内容
1	项目名称与课时	模拟牧场救援游戏。5 课时
2	项目目标	通过项目的实践，了解游戏的本质，不沉迷于游戏；理解使用 Pygame 开发游戏的流程。熟悉面向对象编写程序的流程

续表

序号	名称与课时	内容
3	评价任务	能说出游戏中角色运动的原理；能用面向对象编程的思想编写程序
4	学习过程	安装 Pygame 库。阅读并实践附录中的 Pygame 库简介，再根据项目实现的顺序一步一步地进行仿写。每完成一个步骤思考为什么要这么做？直到整个项目完成（强烈建议你一定要亲自动手敲代码）
5	作业与检测	使用一张大小合适的图片作为角色，使用方向键控制图片的运动
6	学后反思	游戏的本质是什么？使用 Pygame 库编写游戏时，怎样才能降低对 CPU 资源的消耗？

很多学生都喜欢玩游戏，甚至沉迷于游戏，其实，游戏就是设计者在一些载体（如图片、声音等）上制定的一套规则，让玩家在遵循这套规则的条件下参与行动，从起点到达终点的过程而已。我们用这个案例来模拟一个游戏的开发过程，以期望同学们从理性上认识游戏的本质。游戏完成后的界面如图 8.3 所示。

图 8.3 游戏完成后界面

（该项目的所有数据、实现代码下载地址为：http://i.tryz.net/html/2018/python/pythonjc.rar）

角色：被救援对象（一些动物图片）、障碍物（石头等图片）、玩家（人的图片）。

游戏规则：

（1）游戏初始时：随机放置被救援对象 8 ~ 10 个，障碍物 10 个，玩家 1 个，位置相互不重合，每隔 5 s 自动变换 1 个障碍物的位置；玩家起始位置为左下角。

（2）玩家操作：用键盘控制玩家角色移动的方向，当一直按住方向键不放时，玩家角色移动的速度会越来越快；当玩家角色接触到障碍物时减 10 分，并且往反方向后退一段距离（模拟反弹效果），速度降为初始速度；接触到被救援对象时，加 30 分，被救援对象消失。

（3）当所有被救援对象都救援成功时，程序结束，救援成功。一旦为负分，游戏结束，救援失败。

（4）程序结束后，显示总分和救援时间。

8.4.2　案例解析

Pygame 库为 Python 开发小游戏提供了很多模块，这些模块完成了与底层开发相关的内容，使游戏开发人员不必关心怎样与硬件打交道、怎样管理事件等工作，开发人员的工作重点是游戏逻辑功能的设计。在这个案例中，我们使用 Pygame 库来实现。

从技术角度来看，游戏就是具有交互功能的动画片。如果在极短时间内播放形状相似的多张图片就会感到图片在“动”，这是动画片的基本原理。因此，设计游戏的基本思想就是让程序不停地接收、处理键盘（鼠标）事件并不停地更新画面内容。

1. 搭建主框架

建立 Player 类、Obstacle 类、Sos 类，它们分别表示游戏中的玩家、障碍物、待救援对象这些角色。用 SoSGame 类表示游戏。由于这些角色可能都需要“动”的效果，所以创建一个继承于 pygame.sprite.Sprite 的 Shape 类作为基类。将这些类的定义代码保存为 RoleLibrary.py 模块，内容如下：

```
import   random, pygame
from pygame.locals import *


class Shape(pygame.sprite.Sprite):
        def __init__(self,x,y,width,height,image,columns,target):
                """初始化角色"""
                pass
        def update(self,current_time, rate=500):
                """更新精灵的图像帧"""
                pass


class Sos(Shape):
        def __init__(self,target):
```

```
            pass

class Obstacle(Shape):
      def __init__(self,screen):
          pass

class Player(Shape):
        def __init__(self,screen):
            pass
```

在游戏主程序中需要完成各种角色创建、消息检测、逻辑判断等工作。构建如下框架：

```
# _*_ coding:utf-8 _*_
import sys, time, random, pygame
from pygame.locals import *
from RoleLibrary import *

class SoSGame():
        def __init__(self,screen):
                """初始化游戏"""
                self.initialization()
        def initialization(self):
                """创建角色"""
                pass
        def collision(self,obj):
                """碰撞检测"""
                pass
        def transobpos(self):
            """更换障碍物位置"""
            pass
        def set_gamestate(self,state):
              """设置游戏状态"""
              pass
        def get_gamestate(self):
              """获取游戏状态"""
              pass
        def meetsos(self,obj):
```

```
            """碰到救援对象"""
            pass
        def meetobst(self,obj):
            """碰到障碍物"""
            pass
        def update(self):
            """刷新游戏界面"""
            pass
        def displayscore(self):
            """显示当前分数"""
            pass
        def gameover(self,state):
            """游戏结束"""
            pass
def main():
    """初始化 pygame、逻辑控制"""
    pygame.init()
    screen = pygame.display.set_mode((600,600),0,32)
    pygame.display.set_caption('模拟牧场救援')
    timer = pygame.time.Clock()
    sosgame = SoSGame(screen)
    while True:
        timer.tick(30)
        for event in pygame.event.get():
            if event.type == QUIT:
                pygame.quit()
                sys.exit()
        keys = pygame.key.get_pressed()         #轮询键盘事件
        if keys[K_UP] or keys[K_w]:
            pass
        elif keys[K_RIGHT] or keys[K_d]:
            pass
        elif keys[K_DOWN] or keys[K_s]:
            pass
        elif keys[K_LEFT] or keys[K_a]:
```

```
                    pass
                sosgame.update()

if __name__ == "__main__":
        main()
```

2. 游戏初始化、创建角色

修改 SosGame 类中的__init__( )、initialization( )、collision( )方法。

```
def __init__(self,screen):
        """初始化游戏"""
        #游戏背景图序列
                self.image_list = ['./image/background.png','./image/success.png','./
                                image/fail.png']
                #游戏运行状态文本序列
                self.gametext = ['Rescueing…','Rescue success!','Rescue failure!']
                #游戏默认背景图
                self.background = pygame.image.load(self.image_list[0]).convert_
                                alpha()
                self.sos_list = []                      #待救援对象
                self.obstacle_list = []                 #障碍物
                self.player = None                      #玩家
                self.screen = screen
                self.__gamestate = 0
                                    #游戏状态：0 正在运行 1 援救成功 2 援救失败
                self.totalscore = 0                     #当前分数
                self.gameAgainbtn = None                #再玩一次按钮
                self.gameoverbtn = None                 #退出游戏按钮
                self.sostime = 0                        #游戏进行时间
                self.initialization()
        def initialization(self):
                """创建角色"""
                self.sos_list.clear()                   #初始化待援救对象
                self.obstacle_list.clear()              #初始化障碍物
                self.__gamestate = 0                    #游戏状态正在救援
                self.totalscore = 0
                self.sostime = 0
```

```
        self.gameAgainbtn = None
        self.gameoverbtn = None

        self.player = Player(self.screen)        #创建玩家
        n = random.randint(8,10)                 #随机生成被救援对象的个数
        for i in range(0,n):                     #创建 n 个救援对象
            sos = Sos(self.screen)
            if not self.collision(sos)[0]:
                self.sos_list.append(sos)

        for i in range(0,10):                    #创建 10 个障碍物
            ob = Obstacle(self.screen)
            if not self.collision(ob)[0]:
                self.obstacle_list.append(ob)
    def collision(self,obj):
        """碰撞检测"""
        return False,None
```

说明：在实际开发中，类的成员属性一般要定义为私有属性，应使用 set 和 get 方法访问，为了使代码简短，在这里仅把表示“游戏状态”属性定义为私有属性。

3. 把角色放到游戏窗口中

修改 SosGame 类中的 update（ ）方法。

```
def update(self):
"""刷新游戏界面"""
        if not self.__gamestate:                             #如果正在救援中
            ticks = pygame.time.get_ticks()
            self.screen.blit(self.background,(0,0))          #填充背景
            for obst in self.obstacle_list:
                self.screen.blit(obst.image,obst.rect)       #显示障碍物
            for sos in self.sos_list:
                sos.update(ticks)                            #更新待救援对象的图像帧
                self.screen.blit(sos.image,sos.rect)         #显示待救援对象
            self.player.update(ticks)
            self.screen.blit(self.player.image,self.player.rect)   #显示玩家角色
            self.displayscore()                              #显示成绩
        else:                                                #否则，显示游戏结束界面
```

```
            self.gameover(self.__gamestate)
        pygame.display.update()
```

说明：现在运行程序会引发 AttributeError: 'Obstacle' object has no attribute 'image' 异常，这是因为“角色”还没有图像。

4. 完善角色

修改 RoleLibrary.py 模块中的 Shape 类、Sos 类、Obstacle 类、Player 类。

```
class Shape(pygame.sprite.Sprite):
    def __init__(self,x,y,width,height,image,columns,target):
        pygame.sprite.Sprite.__init__(self)
        self.target = target
        self.master_image   = pygame.image.load(image).convert_alpha()
                                          #读取角色主图像
        self.frame_width = width          #每一帧的宽
        self.frame_height = height        #每一帧的高
        self.rect = [x,y,width,height]    #角色在游戏窗口中的显示区域
        self.first_frame = 0              #第一帧序号
        self.frame = 0                    #当前帧序号
        self.pre_frame = -1               #前一帧序号
        self.columns = columns            #主图像列数，即每行帧数
        rect = self.master_image.get_rect()  #主图像区域
        #从主图像中取出当前帧图像
        self.image = self.master_image.subsurface((0,0,width,height))
        #最后一帧序号
        self.last_frame = (rect.width // width) * (rect.height // height) – 1
        self.last_time = 0                      #上次时间

    def update(self,current_time, rate=500):
        """更新精灵的图像帧"""
        #rate：帧图像更新的时间间隔，单位：ms
        if current_time > self.last_time + rate:      #如果超过间隔时间
            self.frame += 1
            if self.frame > self.last_frame:
                self.frame = self.first_frame
                self.last_time = current_time
    #如果当前帧序号和前一帧序号不相等，则从主图像中重新取出当前帧图像
```

```
            if self.frame != self.pre_frame:
                frame_x = (self.frame % self.columns) * self.frame_width
                frame_y = (self.frame // self.columns) * self.frame_height
                rect = ( frame_x, frame_y, self.frame_width, self.frame_
                    height )
                self.image = self.master_image.subsurface(rect)
                self.pre_frame = self.frame

class Sos(Shape):
    def __init__(self,target):
        #target 游戏窗口对象
        x = random.randint(25,525)              #随机产生 x 坐标
        y = random.randint(25,530)              #随机产生 x 坐标
        i = random.randint(0,9)
        #生成待救援角色，参数根据图像实际情况修改
        Shape.__init__(self,x,y,50,40,'./image/sos'+str(i)+'.png',2,target)

class Obstacle(Shape):
    def __init__(self,screen):
        x = random.randint(25,525)
        y = random.randint(25,530)
        i = random.randint(0,5)
        Shape.__init__(self,x,y,60,60,'./image/obstacle'+str(i)+'.png',1,screen)


class Player(Shape):
    def __init__(self,screen):
        Shape.__init__(self,0,500,96,96,'./image/player.png',8,screen)
        self.direction = 2              #面部方向，由玩家角色实际图像决定
        self.speed = 120                #当前速度阈值
        self.moving = False             #玩家角色是否正在行走
    def update(self,current_time):
            """更新精灵的图像帧"""
           #由于要模拟玩家行走时具有加速度的效果,所以需要重写 update( )
           #方法，动态改变时间间隔
            if not self.moving:
                self.speed = 120
```

```
                return
            self.first_frame = self.direction * self.columns
            self.last_frame = self.first_frame + self.columns-1
            if self.frame < self.first_frame:
                self.frame = self.first_frame
            if current_time > self.last_time +self.speed:
                self.frame += 1
                if self.frame > self.last_frame:
                    self.frame = self.first_frame
                    self.last_time = current_time
            if self.frame != self.pre_frame:
                    frame_x = (self.frame % self.columns) * self.frame_width
                    frame_y = (self.frame // self.columns) * self.frame_height
                    rect = ( frame_x, frame_y, self.frame_width, self.frame_
                        height )
                    self.image = self.master_image.subsurface(rect)
                    self.pre_frame = self.frame
                    self.speed -= 1
    #每步移动的距离及方向，案例提供的图像中，上、右、下、左分别对应
    #第 0、2、4、6 行图像，读者稍加分析即可得出表达式的意义
            step = (120-self.speed )*(-1 if self.direction % 6 ==0 else 1)
            self.move(self.direction,step)      #移动玩家角色

        def move(self,direction,step):
            """改变玩家角色的位置"""
            if direction == 2 or direction ==6:
                self.rect[0] +=step
            else:
                self.rect[1] +=step
            #处理越界
            if self.rect[0]<0 : self.rect[0]=0
            if self.rect[0]>510 : self.rect[0]=510
            if self.rect[1]<0 : self.rect[1]=0
            if self.rect[1]>500 : self.rect[1]=500
```

5. 处理键盘事件、移动玩家角色

修改 main( )函数。

```
def main():
    pygame.init()
    screen = pygame.display.set_mode((600,600),0,32)
    pygame.display.set_caption('模拟牧场救援')
    timer = pygame.time.Clock()
    sosgame = SoSGame(screen)
    while True:
        timer.tick(30)
        for event in pygame.event.get():
            if event.type == QUIT:
                pygame.quit()
                sys.exit()
        if   not sosgame.get_gamestate():                #轮询键盘事件
            keys = pygame.key.get_pressed()
            if keys[K_UP] or keys[K_w]:
                sosgame.player.direction = 0
                sosgame.player.moving = True
            elif keys[K_RIGHT] or keys[K_d]:
                sosgame.player.direction = 2
                sosgame.player.moving = True
            elif keys[K_DOWN] or keys[K_s]:
                sosgame.player.direction = 4
                sosgame.player.moving = True
            elif keys[K_LEFT] or keys[K_a]:
                sosgame.player.direction = 6
                sosgame.player.moving = True
            else:
                sosgame.player.moving = False
        sosgame.update()
```

运行程序，玩家角色已能在区域内移动，停止。

6. 碰撞检测

碰撞检测是指两个对象是否具有重叠区域的检测，这是开发游戏程序的核心。由

于碰撞检测对象是不规则的图形区域，使用 pygame.sprite.collide_mask( )方法实现。修改 SoSGame 类中的 collision( )方法。修改后的代码如下：

```
def collision(self,obj):
        """碰撞检测"""
        #返回值为是否碰撞，碰撞对象
        if obj is not self.player and    pygame.sprite.collide_mask(self.player,obj):
                                                        #是否与玩家角色碰撞
            return True,self.player
        for sos in self.sos_list:                       #是否与被救援对象碰撞
            if sos is obj:
                return False,None
            elif pygame.sprite.collide_mask(obj,sos):
                return True,sos
        for obst in self.obstacle_list:                 #是否与障碍物碰撞
            if obst is obj:
                    return False,None
            elif pygame.sprite.collide_mask(obj,obst):
                return True,obst
        return False,None
```

7. 使用碰撞检测结果进行逻辑控制

修改 main( )函数，SoSGame 类中的 meetsos ( )、meetobst( )方法。

```
def meetsos(self,obj):
    """碰到救援对象"""
        self.sos_list.remove(obj)                       #从救援对象序列中删除
        self.totalscore +=30                            #加分
def meetobst(self,obj):
        """碰到障碍物"""
        self.totalscore -=10                            #减分
        direction = (self.player.direction + 4) % 8
        #模拟不能穿越障碍物，反弹效果
        self.player.move(direction,10*(-1 if direction % 6 ==0 else 1) )
            self.player.speed = 120
                                                        #速度恢复初始值
def    main():
        #省略部分代码
```

```
            elif keys[K_LEFT] or keys[K_a]:
                  sosgame.player.direction = 6
                  sosgame.player.moving = True
            else:
                  sosgame.player.moving = False
            f,o = sosgame.collision(sosgame.player)
            if f and isinstance(o,Sos):                    #是救援对象
                   sosgame.meetsos(o)
            elif    f and isinstance(o,Obstacle):          #是障碍物
                   sosgame.meetobst(o)
        #省略部分代码
```

说明：在“模拟不能穿越障碍物，反弹效果”处存在 Bug，这是因为当玩家角色到达障碍物时速度可能已经很快，可以一步穿越障碍物，要修复此 Bug，还需要添加一些代码。请读者自行完善。

8. 显示当前分数

修改 SoSGame 类中的 displayscore ( )方法。

```
def displayscore(self):
          """显示当前分数"""
          font=pygame.font.SysFont('arial',18)
          text=font.render("current Score:"+str(self.totalscore), True, (128,10,10))
          self.screen.blit(text,(30,30))
```

9. 检测游戏状态

修改 SoSGame 类中的 update( )、transobpos( )、set_gamestate( )、get_gamestate( )方法，main( )函数。

在主模块中添加以下 3 个自定义消息：

```
TRANSOB = pygame.USEREVENT +1             #更换障碍物消息
GAMEOVER = pygame.USEREVENT +2            #救援失败消息
GAMESUCC = pygame.USEREVENT +3            #救援成功消息


def update(self):
   """刷新游戏界面"""
   if not self.__gamestate:                                  #如果正在救援中
ticks = pygame.time.get_ticks()
         if len(self.sos_list) == 0:
```

```
                succ_event = pygame.event.Event(GAMESUCC, message="救援成功!")
                self.sostime = ticks // 1000
                pygame.event.post(succ_event)              #发送救援成功消息
            if self.totalscore < 0:
                over_event = pygame.event.Event(GAMEOVER, message="救援失败!")
                self.sostime = ticks //1000
                pygame.event.post(over_event)              #发送救援失败消息
            self.screen.blit(self.background,(0,0))        #填充背景
            #省略后面代码
class SoSGame():
    #省略部分代码
    def transobpos(self):
        """更换障碍物位置"""
        self.obstacle_list.pop()
        while True:
          ob = Obstacle(self.screen)
          if not self.collision(ob)[0]:
              p = random.randint(0,4)
              self.obstacle_list.insert(p,ob)
              break;
def set_gamestate(self,state):
        """设置游戏状态"""
            self.__gamestate = state
    def get_gamestate(self):
            """获取游戏状态"""
            return self.__gamestate
    #省略后面代码
def main():
   #省略部分代码
for event in pygame.event.get():
        if event.type == QUIT:
            pygame.quit()
            sys.exit()
elif event.type == GAMESUCC:
        sosgame.set_gamestate(1)                          #更改游戏状态为成功
elif event.type    == GAMEOVER:
```

```
        sosgame.set_gamestate(2)                    #更改游戏状态为失败
    elif event.type == TRANSOB:
        sosgame.transobpos()                        #更改障碍物位置
    #省略后面代码
```

10. 定时发送移动障碍物消息

在 main()函数中添加：pygame.time.set_timer(TRANSOB,5000)。

11. 处理游戏结束

在 RoleLibrary.py 模块中添加 Button 类，修改 SoSGame 类中的 gameover( )方法，修改 main( )函数。

```
class Button(object):
    def __init__(self, upimage, downimage, position):
        self.image_up = pygame.image.load(upimage).convert_alpha()
        self.image_down = pygame.image.load(downimage).convert_alpha()
        self.position = position

    def is_over(self):
        """判断鼠标是否在按钮的区域"""
        point_x, point_y = pygame.mouse.get_pos()
        x, y = self.position
        w, h = self.image_up.get_size()
        x -= w/2
        y -= h/2
        in_x = x < point_x < x + w
        in_y = y < point_y < y + h
        return in_x and in_y

    def render(self, surface):
        """根据鼠标的位置显示按钮的图像"""
        x, y = self.position
        w, h = self.image_up.get_size()
        x -= w/2
        y -= h/2
        if self.is_over():
            surface.blit(self.image_down, (x, y))
```

```
        else:
                surface.blit(self.image_up, (x, y))

    def gameover(self,state):
            """游戏结束"""
            self.screen.fill([255,255,255])
            image = pygame.image.load(self.image_list[state]).convert_alpha()
            rect =   image.get_rect()
            self.screen.blit(image,((600-rect.width)//2,50))
            font=pygame.font.SysFont('arial',50)
            text=font.render(self.gametext[state], True, (234,162,0))
            self.screen.blit(text,(150,350))
            font=pygame.font.SysFont('arial',30)
            text=font.render('Score: '+str(self.totalscore) +' Rescue time: '+str(self.
sostime)+'s', True, (234,162,0))
            self.screen.blit(text,(140,420))
            self.gameAgainbtn = Button('./image/again_down.png','./image/again_up.
png',(400,550))
            self.gameoverbtn = Button('./image/over_down.png','./image/over_up. png',
(500,550))
            self.gameAgainbtn.render(self.screen)
            self.gameoverbtn.render(self.screen)

     def main():
      #省略部分代码
             elif   f and isinstance(o,Obstacle):                    #是障碍物
                    sosgame.meetobst(o)
             elif sosgame.gameoverbtn:                               #如果游戏已经结束
                    if event.type == pygame.MOUSEBUTTONUP:
                                                                     #处理鼠标事件
                       if sosgame.gameoverbtn.is_over():
                                                                     #在“退出游戏”上单击
                          pygame.quit()
                          sys.exit()
                       elif sosgame.gameAgainbtn.is_over():
                                                                     #在“再玩一次”上单击
```

```
        sosgame.initialization()
    sosgame.update()
```

限于篇幅，就不在此贴出源代码，源代码请从铜仁一中校园网站下载：http://i.tryz.net/html/2018/python/pythonjc.rar。本案例是使用面向对象的思维方式开发的小游戏，旨在让同学们了解游戏的本质和使用 Python 编程的乐趣。本案例还有很多地方需要完善。

参考文献

[1] 秦颖. Python 实用教程[M]. 北京：清华大学出版社，2016.
[2] DAVID BEAZLEY BRIAN K. JONES. Python Cookbook 中文版[M]. 3 版. 陈舸，译. 北京：人民邮电出版社，2015.
[3] 中华人民共和国中央人民政府.国务院关于印发《新一代人工智能发展规划》的通知 [DB/OL]. [2017-07-08] http://www.gov.cn/zhengce/content/2017-07/20/content_5211996. htm.
[4] 中华人民共和国教育部.教育部关于印发《教育信息化 2.0 行动计划》的通知[DB/OL].[2018-04-18] http://www.moe.gov.cn/srcsite/A16/s3342/201804/t20180425_334188. html.
[5] 吴军. 智能时代[M]. 北京：中信出版集团，2016.
[6] 尤小平. 学历案与深度学习[M]. 上海：华东师范大学出版社，2017.

附 录

附录 A Python 库简介

Python 中只有几十个函数是随 Python 的启动就直接加载到内存中的，可以直接使用，这些函数叫作内建函数（Built_in Funtions，是标准库的一部分）。但还有更多的函数并不能直接使用，需要通过导入后才能使用。Pytthon 中的函数是以库的形式提供给我们使用。库分为标准库和第三方库。标准库是随着 Python 解释器一起安装在计算机中的，它是 Python 的一个组成部分。第三方库是由一些 Python 爱好者编写供大家免费使用的库，需要单独下载安装才能使用。Python 编程的挑战很大一部分来自对库的应用，一旦掌握了核心语言，就需要花大量时间来研究各种内建函数和库。

这里，我们根据信息技术新课标模块结构，选择几个常用库进行介绍，通过附件资源的形式提供给同学们学习。目前包含 Python3.7 内建函数、Python 库、Numpy 库、Matplotlib 库、Pygame 库、Requests 库、Beautiful Soup 库。随着新课程的实施，我们会有针对性及时更新或增加库介绍内容。下载地址：

http://i.tryz.net/html/2018/python/pythonjc.rar

附录 B 各章练习题参考答案

参考答案下载地址：

http://i.tryz.net/html/2018/python/pythonjc.rar

